女人一定要会赚钱

ミリオネーゼの仕事術

[日] 秋山由佳里◎著

黎燕◎译

北京师范大学出版集团
BEIJING NORMAL UNIVERSITY PUBLISHING GROUP

北京师范大学出版社

MILLIONAISE NO SHIGOTOJUTSU [NYUMON]:
8KETA KASEGU JOSEI GA JISSEN SHITEIRU 4TSU NO BUSINESS SKILL
by Yukari Akiyama
Copyright © 2004 by Yukari Akiyama
Original Japanese edition published by Discover 21, Inc., Tokyo, Japan
Simplified Chinese translation rights arranged with Discover 21, Inc. through InterRights, Inc.,
Tokyo and EYA Beijing Representative Office
Simplyfied Chicese edition copyright © 2014 by Beijing Normal University Press (Group) Co., Ltd.
All rights reserved.
北京市版权局著作权合同登记图字 01—2012—4928 号

图书在版编目(CIP)数据

女人一定要会赚钱／（日）秋山由佳理著；黎燕译．
—北京：北京师范大学出版社，2014.10
ISBN 978—7—303—15710—5

Ⅰ．①女… Ⅱ．①秋…②黎… Ⅲ．①成功心理－
通俗读物 Ⅳ.① B848.1—49

中国版本图书馆 CIP 数据核字(2014)第 096635 号

| 营 销 中 心 电 话 | 010-58805072 58807651 |
| 京师心悦读新浪微博 | http://weibo.com/bjsfpub |

NYUREN YIDING YAO HUI ZHUANQIAN

出版发行：北京师范大学出版社 www.bnup.com
　　　　　北京新街口外大街 19 号
　　　　　邮政编码：100875

印　　刷	北京京师印务有限公司
经　　销	全国新华书店
开　　本	128 mm × 188 mm
印　　张	4.75
字　　数	119 千字
版　　次	2014 年 10 月第 1 版
印　　次	2014 年 10 月第 1 次印刷
定　　价	20.00 元

策划编辑：谢雯萍	责任编辑：李洪波　王　蕊
美术编辑：袁　麟	装帧设计：红杉林文化
责任校对：李　菡	责任印制：陈　涛
营销编辑：张雅哲	zhangyz@bnupg.com

目录 | *contents*

第 2 章

本领 1　实现经济自主

第 3 章

本领 2　掌握开发大脑的方法

女人一定要会赚钱

幸福要自己把握

我们周围很多人似乎都患上了"依赖他人得到幸福综合征"。"如果与既能赚钱又帮忙做家务的男人结婚，我就会幸福。""如果工资再多一点就好了，我就幸福了。"——我们常常听到这样的话。但是，依靠别人的人生风险很高，比起那些采取行动让自己获得幸福的人，依靠别人得到幸福的人比率要低得多。

我曾经也有过那种想法。大学毕业时，我结了婚并升学进入研究生院，那时的我相信，丈夫会好好照顾我，会让我幸福。我也认为，从学校毕业后就应该做专职的家庭主妇。所以，我像丈夫在外工作那样不遗余力地做饭做菜，操劳家务，为帮补家用曾努力地打零工。但是，生活远谈不上幸福。然后，我很苦恼："为什么我不幸福呢？"在我丈夫变心而致使我们婚姻破裂之前，我完全没有意识到：就因为我没有对自己的人生采取积极的行动，幸福没有光顾我。

婚姻破裂之初，我没有任何的职业规划。仅凭兴趣以及一些运作技能就去从事网络工程师的工作。因为没有任何的规划和目标，也就理所当然地在公司里处于几乎可有可无的位置。从学生时代起，在所有科目上我都取得相当好的成绩，但是我既没有胜人一筹的本领也没有喜欢的工作，曾经有过的梦想也只是"将来生三个孩子，和家人幸福地生活"。因此，婚姻破裂后，我完全想不到自己以后想做的事。在那些日子里，我觉得自己已经山穷水尽了。虽说穷途末路了，但是那些苦涩的经历使我真真切切地意识到："我不要任人摆布的人生。如果我不能控制自己的人生，我不会幸福。"

更糟的是，那段时间我因为生病开始了反复入院出院的生活。不能自主走动，大部分的时间都在床上度过。这让喜欢与人接触的我感到非常不安，担心自己的生活与社会隔离。

幸福要自己把握

我们周围很多人似乎都患上了"依赖他人得到幸福综合征"。"如果与既能赚钱又帮忙做家务的男人结婚，我就会幸福。""如果工资再多一点就好了，我就幸福了。"——我们常常听到这样的话。但是，依靠别人的人生风险很高，比起那些采取行动让自己获得幸福的人，依靠别人得到幸福的人比率要低得多。

我曾经也有过那种想法。大学毕业时，我结了婚并升学进入研究生院，那时的我相信，丈夫会好好照顾我，会让我幸福。我也认为，从学校毕业后就应该做专职的家庭主妇。所以，我像丈夫在外工作那样不遗余力地做饭做菜，操劳家务，为帮补家用曾努力地打零工。但是，生活远谈不上幸福。然后，我很苦恼："为什么我不幸福呢？"在我丈夫变心而致使我们婚姻破裂之前，我完全没有意识到：就因为我没有对自己的人生采取积极的行动，幸福没有光顾我。

婚姻破裂之初，我没有任何的职业规划。仅凭兴趣以及一些运作技能就去从事网络工程师的工作。因为没有任何的规划和目标，也就理所当然地在公司里处于几乎可有可无的位置。从学生时代起，在所有科目上我都取得相当好的成绩，但是我既没有胜人一筹的本领也没有喜欢的工作，曾经有过的梦想也只是"将来生三个孩子，和家人幸福地生活"。因此，婚姻破裂后，我完全想不到自己以后想做的事。在那些日子里，我觉得自己已经山穷水尽了。虽说穷途末路了，但是那些苦涩的经历使我真真切切地意识到："我不要任人摆布的人生。如果我不能控制自己的人生，我不会幸福。"

更糟的是，那段时间我因为生病开始了反复入院出院的生活。不能自主走动，大部分的时间都在床上度过。这让喜欢与人接触的我感到非常不安，担心自己的生活与社会隔离。

当我得知，邻床的那个孩子与我因同一种病入院，而且他已经失去视力并住院好几年，不安更是变成了恐惧。

在那样的情形中，我开始认真地思考让自己变得幸福不可或缺的因素。首先，我不能忍受孤独、与人隔绝的生活。我想，万一没有办法只能在床上躺着，我也要从事与外界相联系的工作。还有，让自己幸福，需要工作的本领与人脉。另外，经济方面的独立也是必不可少的。一般情况下，如果有工作本领，年收入会逐步提高。翻来覆去思考之后，我就定下了目标——学会工作本领，学会赚钱。

设定目标时，如果没有同时设定数值及期限，那么很难衡量目标的完成程度。然而，工作本领是难以用数值测量的，所以我设定年收入来衡量自己的工作本领。决定具体数值时，我参考了国税厅公布的国民收入数据。当时，日本年收入超一千万日元（约合人民币60万元）的女性人数只占女性总人口的0.7%。因此，我打算挑战这条羊肠小道。为了让自己发奋图强，不要总处于挫败中，不要总想着以前的事，我要挑战一个相对较高的目标。然后，我把期限定为五年。不仅因为五是整数，而且是我当时刚满25岁，五年内我要达到自己定的二十几岁的目标。

　　我把"二十几岁就成为赚一千万日元的女人"写在笔记本上，每天反复地看，确认自己的目标。虽然当时我完全不知道具体要怎样做才能实现这个目标，但是，与很多人交流后，我觉得我先得有一个生意人而不是专家的基础功。我要寻找让自己成长发展的平台，如果公司没有这样的机会我就辞职。然后，就在二十六岁的那个冬天，当我第二次跳槽到策略咨询公司就职时，我签下了年薪超过一千万日元的合约。不到两年我就达到了自己所定下的目标。

　　要一直继续赚到这个金额理所当然地就要符合相应的专业要求。为了符合相应的要求，我非常认真对待自己所从事的工作，并认真思考如何才能做到专业并付诸实践。

　　当初我的目标是要掌握能赚一千万日元的本领，在这个成长的过程中，我逐渐学会用自己的头脑来构建人生，感受到人在成长中的喜悦；还有，领会家人、朋友及成员等传递给我的可贵的温情，这一切都在不知不觉中成为我人生中最宝贵的财富。

今年我31岁。年初，我离开了包括奖金在内年收入总数将近两千万日元的职场，实现了我儿童时代的"梦想"——到意大利留学。虽然只是短期留学，但是，我真切地感受到亲手完成自己所想的踏实。

二十五岁时的我，曾经认为梦想仅仅止于梦想。现在的我，相信梦想可以实现。这五年间，我曾经碰过壁，也有过哭泣，但依靠自己的力量踏踏实实地走到今天，我因此感觉自己比二十五岁时要幸福得多。如果要用分数来表示我现在的幸福，我觉得是九十多分。

在我写这本书的时候，我再次查阅了年收入超一千万日元的日本女性数量，发现是0.8%（2002年国税厅公布的国民收入实情统计调查）。我对五年里这个数目几乎毫无变化感到惊奇。虽然我常听到别人对我说，因为你很特别，又很有才能，所以你能赚一千万日元。但是，我知道我曾经处境很不利，并不是上天眷恋的人。就算和他人不一样，那也有可能因为你重新正视自己的强项与弱项而发现自己在职业中有过人的本领。我认为，自己相信自己很有潜力才能做到这样。所以，我认为无论是谁，如果相信自己就可以做到。

　　本书把成为百万富翁视为掌握人生幸福的途径之一。我想通过此书与大家分享确定目标，构建自己人生所需的技巧。书中还介绍了一些有助于女性赚钱的基本功及相关技巧。

　　祝愿喜欢阅读本书的读者们，今日比昨日快乐，明日比今日快乐，每天都更快乐！

第 1 章

宣告"我要成为能赚钱的女人"

坚强的意志改变人生

我在二十几岁时成为了百万富翁，现在不管去哪里都能找到赚钱的工作，被视为相当有能力的女人，想买什么都买得起。说起来很多人也许觉得难以置信，几年前22岁的我连买保鲜袋的钱都没有，曾经要把银行里拿回来的薄膜包装袋洗了晾干后再用。而且，因为觉得自己种菜比买蔬菜要便宜得多，我就在阳台上种生菜等蔬菜，过着自给自足的生活。家里并不是没有钱，而是我没有让当时的丈夫给钱贴补家用。为维持生活，我只好在完成学业与家务之余去打零工赚钱。一到月底，我就提心吊胆，担心因为没钱交煤气费或电费被停气停电。

但那之后，发生了很多事。到二十五岁生日时，我变成一个人。我孤身一人后曾在心中无数次地喃喃自语：我以后再也不要因为钱而受苦。

那时，老天似乎在与我作对，我的病情急剧恶化，开始了反复入院出院的生活。我很害怕被社会抛弃，所以不听医生劝阻，状况稍微好一点就强烈要求医院容许我外出，一出去就马上回到公司上班。因此，即便我出了院，一周内也频繁地被送进急救医院几次，然后我又从医院出来去公司上班。我躺在去往医院的急救车的病床上，既纠结不安，担心也许从此只能躺在床上生活，又拼命地寻找答案，思考万一那样了，我该怎么办。然后我想，即使被束缚在病床上，我也要先掌握工作本领，能够自食其力。

一般来说，只要掌握工作本领，年收入就会逐年增加。因此，我决定我的目标是"能赚钱"。

决心要做某件事时，我习惯向周围的人宣告："我要做……"。这也许与父母教育有关吧，他们教育我如果对外界宣告的话就一定会成功。至于具体要怎样努力才能赚到钱，我完全不知道。

但是，每次朋友来医院看望我，我都会对他们说无论如何我都要成为能赚钱的人。因此，在与朋友的谈论中，很多次我都像对着自己发誓一样："我要成为能赚钱的女人。"

我认为，向周围的人或自己表明意图是改变人生的第一步。首先，开口宣告自己要做的事让目标变得明确。假如不能用言语表达就不能说目标已经明确，所以大声说出口是很重要的。

其次，目标明确后，自然就要想办法实现目标。像我这样，虽然不知道什么方法可以实现目标，但是，经过深思熟虑慢慢就能找到实现目标的突破口。

另外，对别人宣告"我想成为这样的人"，别人也会给你一些建议。例如，你可以试试这样的做法，你去见见这个人怎样等，或许你会从中发现具体的解决办法。至此，这与站在实现目标的入口处是一样的。

那些决心要实现目标的人，总会遇到前来帮忙的人。有人相助，你就不会因为一些细细碎碎的事情而悲哀。即使一次两次没做好，别人的帮助也能成为让你发奋的原动力：你不是一个人在渡过难关，有很多人在帮你。而且，你已经向别人宣告了自己的目标，如果就此逃避就无脸再见他们了。向别人宣告的目的就是堵住自己的退路，迫使自己背水一战。

试着向别人宣告："我要成为能赚钱的女人！"从宣告那天起迈出你的第一步。

当想不到要做的事时，可以先模仿别人

"我要成为能赚钱的女人！"目标已定，但完全不知道如何才能做得到。我觉得自己在原来的职位上做下去没有前途，就去找部长谈。部长问我："你想从事怎样的职业？你将来想成就什么？"我哑口无言。因为，我从没有想过将来要成就什么之类的问题。

我不知道怎样才好，就试着找关系好的前辈谈话。前辈说，先不要换工作，去几家公司面试看看，也许会发现自己想成就的事吧？前辈给我介绍了猎头公司。到作为换工作候补的公司面试时，当问到"五年后，十年后，你想成就什么？"我无法回应，虽然拼命地试着回答了，但是自己都不知道自己说了什么，

面试官提醒我："思考自己将来的成就是一件很重要的事情。"

想以什么样的形式工作？是自己创业还是入职某个公司，又或者是加入以前自己感兴趣的国际联合组织？哪个行业最赚钱，高科技、金融还是消费行业？要成为专家还是记者？一时间，很多的问题在我的脑海里盘旋。

这样不行啊，我要成为怎样的人呢？思考这个问题时我使用了头脑风暴（brainstorming，形成独创见解的思维法）。其中一个环节是把我认为很了不起以及很佩服的人的传记或报道通读一遍。我一共阅读了100多位成功人士的人生履历。

接着我使用排除法：X虽然很好但性格与我不同；我对Y很有兴趣，但音乐或美术领域我并不擅长，不行；Z我总是觉得行不通；如此这般排除。然后按自己的喜好，将剩下的人物当中的A和B组合，设计出自己想成为的人物。

我觉得很了不起的人物大多数都活跃在商业领域。由此，我思考自己想成就的事业。虽然我现在是工程师，但是我确信自己对创新的事业更感兴趣。

刚好那时，我在实际的工作中也参与了新事业开发的项目，但是我与负责新事业开发部门的人沟通时碰壁了，我说的话在那些人看来行不通。我认为很好的主意，但是他们却说："那样做不赚钱啊。"我一点都理解不了，但深深地感受到工程师也需要有生意人的头脑。

好，到商业领域开展自己的事业吧。虽说我下了这样的决心，可是公司里面没有相应的位置。我反复思量后想起，在我认为很了不起的人当中，也有些是从工程师转为生意人的。曾经是工程师，换工作后来到咨询公司，积累了商业经验，现在已经是商业界的时代人物。

好，我模仿那些人试着换工作到咨询公司任职吧。在那里积累我需要的商业经验。我下了决心，敲开了咨询公司的门。

我认为，能在十几岁，二十几岁时就决定了自己想要做的事或者自己要成为什么样的人，那是幸福的。但是，很多人也和我一样，还没有决定将来要做什么吧？于是一边为此烦恼，一边摸索着如何生存下去也是另一种人生体验。

假如感到困惑：不知道要成为怎样的人，不知道怎样做。那么，从模仿你认为了不起的人试试看？你可以试着走和他一样的路，但你还是自己，有属于自己的个性。发挥你的个性，探索自己的道路不也挺好吗？

"能干"女人穿什么？

本来担任工程师的我，换工作到IT咨询公司就职时25岁。那时的我曾认为，能力比外表重要：不管外貌如何，能出好成果就可以得到好评价。与客户见面时我也穿西服套装，但颜色有时是杏色，有时是褐色，与公司里男同事西服颜色不同。不见客户时，我就穿连衣裙和小外套上班。

我觉得自己打扮适宜，但有一天，上司提醒我最好要注意自己的穿着，"按男性的标准打扮！"也就是说，自己的打扮最好不要在男性职员中凸显出来。

男性职员都是清一色的西装打扮，作为其中的成员，我的打扮却与众不同，破坏了团队的整体感，让人觉得不协调。上司说我没有让别人感觉到我已融入团体中，因此影响到大家团结一致工作，所以提出让我改变装扮。

经上司提醒后我留意了一下，认真观察到访客户后我发现，同一客户公司里的职员衣着打扮非常相似。我还做了一个试验，在公司大楼下玩"猜猜这个人是哪个公司"的游戏。因为大多男性衣着与公司的特色相吻合，所以很容易猜中。

女性的服装比男性的要丰富多彩，而且女性多是做后勤行政等幕后工作，所以人们很难注意到女性在办公室的打扮并给出相应的规范。但是，这并不表明女性的着装不重要。

对于男性来说，工作时所穿的衣服与制服的作用是一样的。穿同样的制服据说可以形成整体感，所以如果希望别人像对男性职员一样平等地对待你，就应该选择与男职员同一色调样式相似的衣服。我很感谢上司在我开展事业的早期就提醒我注意这些细节。

按男性的标准打扮比较稳妥，是其优势；其劣势则是，无法让人注意到自己。不管怎么说，因为女性个子小，穿与男性同样的款式总会让人觉得不够自信。而像白色或红色的西服套装男性是绝对不穿的，但女性穿着就很自信。想要所选的衣服不在男性职员里尤为明显而又能为形象加分格外困难。

因此我收集同一业界，或相近业界的高管们的剪报，对照照片研究他们的衣着打扮。并且活用同一业界朋友介绍的形象顾问和形象设计服务，找到自己想成就的形象。

形象顾问提供塑造第一印象的服务，根据你所在的行业、职业种类和你的职位塑造你要体现或想表现的第一印象。具体说来，就是帮你决定设计发型，指导化妆和着装等。希拉里·克林顿成为第一夫人后的形象大为改观就是形象顾问的功劳。

所谓形象设计服务，就是由形象设计师与形象顾问陪同你去选购商品，让你的服装及饰物与你的行业及职位相吻合。连购物还要用到专业人士！你也许会这么想。但是通过第三者对你深入地观察和分析，可以在短时间内为你选购适合的物品，让你尝试从未买过的品牌。假如你没有时间研究，那么选择专业人士帮忙是很有效的方式。

如此这般，注意打扮不在同伴中凸显而又得到别人的信赖，不要觉得这些仅仅只是外观，人们常常会因为外观的改变而开始相应的努力。在一点点地挺直腰杆的过程中，会发现你的腰杆真的就挺直了，你终于做到了!

　　试试看让自己的装扮与公司的特色相吻合，首先在外形上成为一个能干的女人吧!

相信"我能干"就一定可以成功

谁都经历过第一次，挑战从来没有做过的事情总让人忐忑不安。这个世界上并不存在伟大并从来不为任何事情担心的人，所以忐忑不安不是一个人的特权。

我曾多少次感到不安。我感觉最强烈的一次，是我首次负责与金融相关的客户项目。仅仅听到金融这个词，就会感觉那个世界与我毫不相干，对我来说，那是个未知的世界。而且当时有很多有关金融的负面新闻，如消费者金融贷款方面的纠纷，期货贸易的纠纷等，大家对金融行业的印象很差。听说与我一起工作的成员中，还有位出了名的工作狂，非常可怕。据说至今没有人与他一起工作不叫苦连天的。

当定下由我负责这个金融项目时，我不知道这个未知的世界里会发生什么样的事情，因此心里极度恐惧，从而引起腹痛。一心想着不要让公司的人看到我那种困窘，避开同事到与自己公司不同楼层的卫生间。晕晕乎乎跌跌撞撞到了卫生间，当时我真的想过，这是绝对不可能完成的工作，我要马上辞职跑掉。

在卫生间待了一会儿后，我想起在害怕不敢挑战时，妈妈曾教会我的史上最强魔咒：

"觉得害怕时，深呼吸，笑一笑，然后说声'我能干'。不要忘记抬起头来喔。"

感到害怕不安的时候，我们的身体会变得僵硬。身体变得僵硬，呼吸会变急迫，我们会处于缺氧状态。这时头脑和身体都不能很好地运转，本来能干的事也做不来了。因此在这种情况下一定要深呼吸，让全身的肌肉放松，解除缺氧状态，人就可以冷静下来了。然后就可以让感到害怕的自己恢复精神，抬起头微笑。

为了增加自己的勇气，可以想想以前自己顺利完成项目的经历。那些时候我都能做得到，现在我应该也可以做到。比这更难过的关我都过了，这次绝对没问题。我一直都那么努力，现在只是更上一个台阶而已。如此这般，自己说给自己听："我能干"。

我拼命地告诉自己"我能干",露出笑脸。最初,眼泪哗哗地笑得别扭,但如此这样保持三十分钟后,我的心情变得十分平静。然后,我开始思考这个项目给自己增加的附加值,只有门外汉才可以完成项目。我开始认识到:我能干!

正因为我是金融界的门外汉,才能够把不同行业的常识带到这个行业来,创造出新产品,让一般的大叔、大婶和职场人士明白,这是门外汉才能做得到的事情。看清这两个目标后,我想方设法地完成了这个看似恐怖的项目。

随着能够完成的事情接连增加,我的自信增强了,更能应对今后的挑战。小成功带来大成功,成就感也增强了。不挑战则做不到。回避挑战的同时也阻碍了成长,不能由此向前迈进。

此外,忐忑不安不一定是坏事。例如,对驾驶技术非常自信的人,凭着技术好就横冲直撞,结果会怎样?出事故也许只是时间问题。如果对驾驶水平忐忑不安,肯定能够谨慎驾驶。相比从不担心出事故的人,对驾驶很忐忑的人就像张开了天线一样,收到看不见的危险信号。

看起来负面的事情,反过来都可以变成正面的激励。所以,遇到挑战一定要先冷静下来,自我暗示"我能干"向前进吧。

开拓女人赚钱之路的四个本领

为了成为会赚钱的女人，我意识到并一直做的是："做好扩展可能性的基本功。"很多人也许会认为，要想高收入，首先要有专业的"资格"，"高学历"等。大街小巷里不少广告都在宣扬找工作需要取得各种资格，什么MBA啦，美国CPA、CFA、财会一级、律师、税务师资格等。

我刚开始想赚钱时也曾经认为，能赚钱=律师或会计师等，需要有很厉害的资格证书。为了取得资格，我一边阅读资格指南，一边自己问自己："我想成就什么?"我找不到答案，非常苦恼。

当时我想起考大学填志愿选择学校和专业时，爸爸对我说过，"在决定你想做的事之前，最好不要缩小你的可能性。"

因此，在对自己想做的事还不清楚的阶段，与其要通过取得资格来决定自己的人生，不如先做一个生意人，尽力锻炼好腰和腿，打造一个结实的身体。对于我来说，"基本功"就是超越行业，无论在什么样的生意场都通用的工作本领。

建造耸立在新宿市的气势恢宏的高楼，除了需要结实而又抗震的骨架，还需要什么？

我在与很多人商量并思考后，有了许多看起来能够实现的目标。我想起在大学心理课学过，人一次能记得住的事情只有3~5件，于是我将要实现的目标设定为三个。

在设定目标的基础上，我把"我想这样做"的具体内容写了出来。沿用了很多人的建议，最终，我把作为生意人要掌握的最基本的技能归纳为以下三点。

✔ 掌握头脑的使用方法！

我真正地感受到我需要掌握的是能让我在今后成长中用得

到的基础知识，就像四年制大学中的通识教育。这种"商业通识"指的是会计学、市场营销学等在商业领域里作为常识的知识，还有文字的写作能力和问题解决能力等。做工程师时的几次经历给我留下了很深的印象。

别人对我说："你的建议'仅仅止于设想'啊。那样赚不到钱，做不成生意的！"

而且，让我很自责的是，别人对我说明了为什么赚不到钱但我还是完全不明白。我很困惑，为什么自己的设想做不成生意。所以，我要熟练掌握作为生意人的"共同语言"，可以和对方在同一层面上进行讨论。

Y先生的策划常常能顺利通过。他对一起工作的人进行说明时，总能很好地表述自己为什么认为那样可以行得通。我要掌握那种能清晰地向别人表述自己观点的逻辑思维能力！

大家都认为Y先生非常能干。那是因为，他对上司可以很清晰地表达自己，"也就是说，你说的事情是这样的，对不对？那好，这个问题，我们可以这样解决。"好厉害！好酷！我也要掌握解决问题的能力！

我把以上这些我想成就的样子写下来，发现这些都是做生意必须掌握的头脑使用方法。很多人给我的建议也是，锻炼解决问题的能力和逻辑思维能力，所以我把这两点设定为第一目标。

✔ **掌握时间管理能力！**

一般人大学毕业后就认真地投身于工作，而我却浪费了好几年的时间。我要充分利用一天二十四小时的有限时间，才能赶上别人。所以，必须高效率地完成工作和学习任务！

我把别人给我的建议，掌握职场都能用得上的能力设定为第二目标。

✔ **掌握找到支持者的能力！**

社会是由人与人联合组成的。一个人的能力很有限，一个人的创造力也是有限的。身处商业圈更是如此。因此，我要重视人与人之间的合作，要在掌握能力与给予我帮助的人们之间建立灵活的关系！

我喜欢与人交流，并认为与人紧密联系在一起比任何事情都重要，所以，我是一定要把与人联系列在目标里的。而且，在我浏览过成功人士的书籍后发现，大多人身边都有比自己厉害的人物，也有可以敬仰的人从各个角度给予建议。所以，我要掌握与人交往的能力，增强与能给自己指导，给自己支持的人之间的联系。

但是，我不知道，与人交往的能力具体指的是什么。我感到困惑，朋友对我说："你试试给支持者下定义看看？"因此，我将找到支持者列为第三个目标。

要达成这些目标，必须要去各种场合锻炼自己，需要有存款或闲置资金。只要有面包和水就可以活下去，但没有余钱就买不了报纸和书，也不能去参加研讨会与结识很多人。所以，要想利用剩余资金用于自我投资，经济自主是必不可少的。因此，作为达成三个目标的前提条件，我增加了经济自主这个目标。

就这样，我最终把以下四个本领设为目标。总而言之，我要向前进！在以下的章节里，将介绍我在实践中如何达成这四个目标。

开拓会赚钱的女人之路的四个本领

本领1：实现经济自主

本领2：掌握使用头脑的方法

本领3：掌握时间管理能力

本领4：找到支持者

第 2 章

本领 1 实现经济自主

对金钱无知，就等于放弃了幸福人生的可能性

我从小到大一直认为，结婚前保护我的人是父亲，结婚后是丈夫，所以我曾经认为，担心金钱是对保护自己的人失敬，谈论金钱则有失体统。而且，股票、经济之类非常难懂，我认为自己理解不了。对过去的我来说，与金钱相关的事，最多就是到银行存定期存款而已。除此之外，我什么都没有做过。

我很多的女性朋友也有同样的感受。也许，在父母养育我们的过程中都给我们灌输了这样的理念吧。不过弄清楚问题产生的根源对解决问题没有帮助，我在此省略探究的过程，但是

我们要清楚谈论金钱不是一件有失体统的事。现今世上，所有的生意中，人们都在讨论如何赚到钱，并付诸行动。

如果我们认为，为企业赚钱是好事。那么，我认为思考如何为企业赚钱是培养商业头脑的第一步。于是，我开始学习并认真考虑与金融相关的知识，读报纸也成为一件快乐的事。

在此之前，我仅仅是因为工作需要强迫自己读报，现在我边读报纸边想，报纸的这个报道会使股票产生什么变化吗？这种新兴的生意凭什么赚钱？日本经济不景气，国外情况怎么样呢？这样的学习很有收获，对培养商业头脑效果明显。

也许与金钱相关的事情可能很难懂，连金融界的专业人士也不一定无所不知。专业人士都不知道，门外汉更没有理由全部都懂。那么，只理解有必要了解的部分就可以了，不必感到不安。

而且，对于不知道和不明白的事情，我们可以请教专业人士。专业工作的目的就在于此。证券公司和银行工作人员的职责就是对金融商品进行说明。

日本的离婚率在逐年上升。年轻的一代，离婚率尤其高。

如果这样考虑，谁都有可能离婚。即使不离婚，也有可能碰到不测的事故。考虑到这一点，如果想长久地过幸福快乐的生活，女性最好在经济上能自立。无视将来有可能产生的风险，一直对金钱一无所知，也许就放弃了幸福人生的可能性。

尽早开始学习金融知识，但学习永远不会太晚。当你认识到要开始学习的时候，你会意外地发现周围的很多人也在学习，或者正打算去学习。如果与这些人一起学习，既可以互相交流信息，也可以相互鼓励，也许学习效果更佳。

你管好自己的钱了吗？

对金钱的考虑，第一步是把握好自己的收入和支出。生活中很多人都没有做到这点。因此，我推荐大家使用家庭收支账本。

虽然我的年收入已经超过一千万日元（约合人民币六十万元），但是我仍然定期写家庭收支账本。我要把握一个月、三个月、半年，一定时期内的资金流动，以便妥善管理自己的收支。

理财的基本原则是，支出不能超过收入。其次，尽量节俭，缩减开支，余额用于存款或投资。明确支出项目有助于分析能节俭的支出，但如果分类过细又增加麻烦，所以首先把支出项目大致分为家用和自用，再细分为几个项目进行管理。

在家庭用的这个分类中，登记为家庭运作必需的项目，如电水费、交通费、交际费、通信费、饮食费等。注意家庭收支不要变动太大。登记为自用的分类中，有用于投资自己工作的开展，投资个人成长、兴趣、美容、健康等。这方面也采用年度预算进行管理。

为了不混淆家庭和个人的收支，在记账时把家用和自用分开。例如，和家人一起度过休闲时光的家庭旅行是从家庭收入里支出；出于自己的兴趣去旅行，则从个人收入里支出；为自己成长支出，不完全是做家人期待的事情，所以属于自用类支出。如此分类，可以在金钱使用方面使家庭和自己都能得到很好的平衡。

现在，我使用微软统计个人财务的电脑软件记录家庭收支，即使不使用这种软件，一个笔记本也可以做家庭收支账本。使用微软Excel软件也是一个办法。使用电脑就可以方便地与上个月，上一年的账本进行比较，可以按名目自动统计。如果个人电脑里安装了个人财务软件，那可以试试看。

刚开始登记家庭收支账本时，你会逐渐对金钱有切实的感受。水电费比上一年多了一千日元。为什么呢？这个月买化妆品花了那么多钱，这些钱有必要花吗？这几个月几乎没有买过书了。有没有忘记对自己的成长进行投资？登记家庭收支账本，还可以对自己的生活进行反省。不仅是反省，如果养成节省的习惯，还会帮助你更加理智地使用金钱。

感觉到自己管理金钱，会增强你的自信。没有被别人控制，是自己在控制。这样想来，那么，不仅是金钱方面，在人生所有的层面上，你都有能力掌控。

先把存款目标定为一年一百万日元！

"我想去学，但是没有钱啊，去不了。""我想去旅游，可惜没有钱。""真没办法存钱。工资这么少，又是一个人生活！"

多么悲观的说法啊！这也是我二十四岁时说过的话。

我知道我有很多不足。 例如， 虽然我和上司商量过工作的事， 但上司对我说过："你在我们公司里做工程师， 担任公司一部分的工作是没有问题， 可是， 你的英语要跟外面公司的人比就没有竞争力。" 也有朋友对我说过："你想学商业？去读MBA试试看？"那时的我一定都会说："我没钱，所以做不到。"

某一天，我听说同一公司的秘书在大学里学习，就请她一起吃午饭。我问她，没有钱怎么可以在大学学习或者读预科。她的回答很简单明了"存钱就好了。"

我打听到她的工资水平与我相当。而且，她也是一个人生活。不同的是，她有相当数量的存款。她说，"先存够一百万日元，到那时你就有做得到的感觉了。"

一百万日元，相当于我当时年收入的百分之二十多。我在某本书上读到过，百分之八十的美国富翁将收入的15%用于存款和投资，在投资与存款的比例中，高收入者更多倾向于存款。我虽然觉得存款很勉强，但是如果还没开始就放弃的话，就无法改变一直以来的状况。为了和总向后看的自己说再见，我决定先试着一年存一百万日元。

虽说决定试着存钱，但是不知道从哪里着手可以达成目标。因此，我向周围的人打听存钱的方式，出乎意料，很多人给了我建议，还教了我不少诀窍。

首先，根据一个朋友的建议，我把普通存款转成了定期存款，并决定使用定期转存服务等，在指定日子里存入指定金额，或者将账号上的全部活期存款自动转存为定期。使用转存服务后，在发工资前一天，账号里的钱全部转为定期存款。正如这位朋友对我描述的那样，"这个系统很方便，等你发觉时，钱已经存进去了。"

定期存款不可以使用自动取款机取款，而必须到柜台取。此外，定期存款必须要在上班时间亲自去银行柜台办理。因为取钱总是不太方便所以会打消想取钱的冲动。

其次，上面提到的家庭收支账本可以对能节省的地方进行彻底分析。一看，很意外，伙食费花多了啊。彻底减少在外吃饭，中午带盒饭，晚上和朋友在外就餐也限定为一个月两次以内。这样，一天要花费1000~1500日元的伙食费控制在200~300日元了。

但是，一天伙食费在200~300日元，又是一个人生活，可能无论怎样做，连续几天都有可能是相同的菜式。都说遇到麻烦人就会开动脑筋，我们可以和同事交换盒饭吃，晚上邀请住在附近的独居的朋友一起吃等，也可以使饮食生活变得丰富多彩。因为要和别人一起吃，所以会努力想办法做出既便宜又好吃的饭菜，做菜的水平也会得到提高，我觉得这是一举两得。

　　我对信用卡也进行了清理。参考朋友给我的信用卡比较表，保留最划算、无年费、积分换算率最高的信用卡，其他全部退掉。消费额度也限制在10万日元以下，以此控制信用卡的消费。此前，在发奖金之前，我常用信用卡预支奖金买套装，现在，我把奖金全部转为存款，一分都不花。

　　这样，在不到一年的时间里，我存够了一百万日元。如何使用这笔钱？经过很多考虑后，我决定用来参加联合国职员选拔考试培训学校，争取拿到"联合国公用英语测评考试"资格证书，迈出了解联合国工作的第一步，很久以前我就对此工作感兴趣。虽然我决定不拿钱投资获取资格证书来限制自己的将来，但是我觉得作为归国人员的孩子，最好还是要通过考资格证书以展示自己的英语能力，这也是我在转换工作时感受到的。而且，联合国英语测评的考试不仅考查英语水平，还涉及国际问题，这也可以锻炼自己清晰明了地表述对时事问题看法的能力，所以，我决定去学习，学习分析问题，还可以请老师修改文章。

　　然后，作为对自己的嘉奖，我用剩下的钱去北海道旅行。

　　要存够一百万日元，会不会生活得很节省？会不会要对很多事死心？我刚开始时很担心。后来发现，实际上不用眼巴巴地盯着要节省，只要明确用钱的先后顺序，稍稍动动脑筋就可以不费劲地存到钱。当我存到二十万日元的时候，很意外地发现存钱就像玩游戏一样有意思。然后，看着定期存款不断增加，觉得这种曾经认为绝对做不到的事我也可以做得到，存的钱越多就越有自信。

　　你是不是想着"没钱，什么都做不了"？试试先存一百万日元吧。重要的是明确用钱的顺序，并坚持按照这个顺序花钱。

进行投资使财富和知识同时增加

我曾经认为钱就应该存在银行里。所以，当我的美国朋友对我说："你为什么不投资呢？钱存在银行里只会变少。"我很受打击。我连"把钱存进银行为什么会变少"也不知道。朋友对我进行说明时，我痛感自己对社会构造的无知。这件事成为我学习投资的契机。前面我也提到过，我曾经对学习与钱相关知识抱有罪恶感，而且觉得经济，投资之类的问题很难懂，但现在意识到了解金钱知识的重要性就有点着急，所以我决定开始学习与金钱有关的知识。

刚开始时，我买了三本面向初学者的投资方面的书。预科班里恰好有位银行从业者，所以只要有不明白的地方我就抓住他问。据说最初他还以为我对他有意思才问这么多问题。

然而，当我邀请他去咖啡厅进一步交谈时，我把自己买来的理财书本展开后问他："这里，我不太明白，可以解释成常用的说法教教我吗？"这时他才知道，我不是在开玩笑而是要认真学习。他当时好像有点吃惊，后来他告诉我，感到吃惊是因为不知道居然有年轻女孩也把了解金融产品作为学习目标。

不久，那个人不仅教我怎样读书，还告诉我他如何在报纸上确认股票公司的股价，他想购买哪个股票公司的股票，太有意思了。

有时候，他也会吹捧我说，你的优点就是，从别人身上学到的知识会马上付诸实践。被他这么一说，我立刻就想试试看。当时我在使用花王索菲娜的化妆品，所以我打算购买花王的股票。我也曾经进行过很多选择，最终觉得选择与自己生活密切相关的企业会好一些，因为更容易理解股票为什么发生变化。不久后我不仅每天看花王的股价，而且还逐个阅读与花王有关的报道。

就这样，在进一步学习的过程中，我开始发觉越早投资越好。受到已经进行投资的美国朋友的鼓动，我决定开始实践操作。

当时我一点都不知道要购买什么样的商品，要买多少才好。我并没有很多剩余资金，也不想投资那些拿不回本金的风险很高的商品；而且还要存钱以备不久后使用，所以每个月的投资金额都在几万日元以内。

在进行了很多调查之后，我决定尝试进行价格还可以接受而且风险也不太高的信托投资。信托投资中的风险程度也是千差万别的，我选择了风险程度最低的产品。

刚开始时，我问了很多问题，问得信托投资的工作人员都觉得累。在工作人员给我进行了超过两小时的说明后，我终于同意签订合同。因为我选择的是每个月一万日元的小额度信托产品，现在我想来，工作人员一定觉得浪费时间了，因为花了这么长时间说明，顾客只选择了额度这么小的商品。

就这样我开始了信托投资的学习，之后又开始投资别的商品。我终于感悟到，只是承担一点风险，就可以让钱增值速度比银行快，把暂时不用的钱存进银行还不如用来投资。

世上不存在无风险的人生，所以学习将风险控制在最小的限度，最好充分运用手头的金钱。如果你开始进行投资，你自然会关注社会的动向。增加金钱的同时，也能学习有关社会及经济结构的知识。这不正是一举两得吗？

活用网络，免费学习理财知识

初次接触理财时，我建议你购买几本入门图书。为了更全面地了解必要的金融知识，我曾经购买了几本以女性读者为对象的初级读物。我还购买了金融理财师入门指导。虽然我没有想过要成为金融理财师，但是我想了解专业技能的整体知识，并从中学习自己需要掌握的知识。

在阅读了很多相关书籍后，我了解金融理财师需要掌握六个方面的知识：①生活计划和资金计划；②金融融资；③风险管理；④税务策划；⑤不动产；⑥传承与继承。其中，我认为现在没有必要了解第⑤项和第⑥项。此外我还对学习的量和范围进行了限定，如可以利用网络模拟第①项，通过网站的知识掌握第③项和第④项。

因为我没有打算学习超出必要量的知识，所以我决定集中精力学习第②项的金融资产运用知识。我学习资产运用知识时，以最初购买的几本初级读物为基础，通过日本经济新闻（日经新闻）和网络上提供的资料进行学习。

刚开始阅读日经新闻的时候，完全不明白作者写的是什么，但别人用自己的经验告诉我，你继续读就会逐步了解的。后来每天就会忍不住抓起日经新闻就看标题和似乎很有意思的报道。

某天，在四处搜索与金钱有关的网址时，看到了"Mature Life Institute"网站(http//www.womannf.co.jp/)。这个网址上有一个栏目标题为"日经新闻——今日关注的报道"，阅读日经新闻的达人，在栏目里介绍他们关注并且正在阅读的报道。这是一个巧用达人视角的好机会！因此，我一有空就浏览这个栏目。每天早晨碰到报纸上自己感兴趣的话题时，我就把这个报道记下来（开始是用红色圈圈标记），把"Mature Life Institute"的达人所介绍的报道拿来比较，研究关注点不同的地方。有没有猜对呢？我有一种猜谜的乐趣，并没有感到特别麻烦，到现在一直都坚持着这种学习方法。

我最近才知道，"NIKKEI4946编辑部"（http//www.nikkei4946.com）推出的网上杂志上，有一个栏目是"我的日经阅读法"，介绍知名人士的日经阅读法。这样，我一边参考达人的阅读法，一边阅读报纸，虽然刚入门，也知道要读哪里和怎样读才好。

"Mature Life Institute" 网站上有很多有关金钱的研讨和知识。所以，我除了"Mature Life Institute"以外，也定期登录其他理财网站，了解最新的经济话题，更新金融产品相关的信息。

此外，我还参加了各种各样的研讨会，曾经有一段时间我经常使用向日葵证券的"Investors Academy"学习运用投资相关讲座的知识。我在那里学习外汇交易和证券交易（我的原则是不做期货，所以就没有学习期货）。

如今的社会环境中，人们花一点点钱甚至免费就能学到很多理财知识，所以大家一定要好好利用身边的资源。

第 3 章

本领 2　掌握开发大脑的方法

时常纵观全局

当我们要推动某件事前行的时候，一定要设定监控点，通过把握其整体状况了解现状正处于整体计划的哪个阶段，这样做才会最有效率。为什么呢？因为这相当于一手拿着地图，一边摸索前进到达目的地，也不至于迷路。而且，将进度向上司或同事等人说明，展示在整体计划中现在已进展到哪里，更有利于大家了解项目进展。

例如，向上司汇报上司工作进度时，不要仅仅回答说："正在进展中。"而是要清楚传达现在的工作在整体计划中进行到哪一步，这样上司就可以了解以下三方面的内容：

① 理解程度：是否理解分配给自己的工作。

② 进展程度：分配的工作进展到何种程度。

③ 完成进度：剩下的工作在规定期限内是否能完成。

特别是通过提供有关①和③的信息，可以使上司能够放心地把工作交给你来完成。

这种做法，不仅可以解决工作上的问题，也可以运用在学习及处理私人问题等方面。听起来似乎有点难，但是，把握整体状况，一边监控一边前进的方法，是我们每个人在儿童时期都经历过的状况。

回想一下我们在小学的时候都经历过的定向越野游戏吧。定向越野游戏是通过使用地图和指南针，比赛谁先到达目的地的一种体育活动。比赛开始时分配给我们的地图上，写着决胜终点和监控点，也就是行进途中必须要经过的几个重要的地点。参与者看地图的时候，要考虑以怎样的顺序通过从出发点到决胜终点的每一个监控点，把到达目的地的全部行程纳入考虑范围内。

监控点之间的路线没有规定，所以要选择最快捷的路径。

在看地图开始行动的时候，就要预先做出决定。然后，每通过一个监控点，我们都要了解这是整个行程中的哪一个点，到达下一个监控点还有多少路程，掌握好现在的状况后继续前进。如果进展比预定的要慢，我们就要研究为什么没有按预定的进展进行，在哪个环节浪费了时间。

这种定向越野游戏，与工作项目的开展非常相似。例如，地图上最短的距离并不一定花费的时间最少。监控点之间的路径可以自由设定，所以在地图上我们会选择最短距离的路径。实际上如果遇上路面很陡的情况时，就要花费更多时间，假如组员全都腿脚灵便，强壮有力或许还好，但如果组员身体状况、年龄有较大差别，那么有时走迂回的路径可能会更快。而且，有时由于前一天的天气不好，到达现场时发现出现了地图上没有标示的大水洼地，通过这个大水洼也许会出现困难。

总之，要考虑到团队成员的状况，预先设定可能最完善的路径以避免麻烦，并且要换成更好的路线前进，这种定向越野游戏与商业的实际操作相似。既然工作需要以团队活动的形式进行，那么为了使工作顺利，最重要的就是要考虑到参与者的特点。

　　而且，在用最完善的方法开展业务方面，我们可以从定向越野活动中学到很多。要有效率地到达目的地，我们要在开始的时候就设定最佳的布局（路径），估测进行的程度以决定通过的要点，一边监控，一边前进。因为预先就进行整体布局和设定通过的要点，所以即使遭遇困难，现场出现不同的状况，也不用改变整个行程。只要把通过要点之间的路径重新设定，就可以克服困难到达目的地。

　　我用儿童时代做过的定向越野游戏作为例子说明了布局的重要性，实际上我在学生时代完成作业的时候也采取了同样的方法。

　　我在美国度过了大学时光。美国大学布置的作业数量不是一般的多。一个学期，有两次大型考试，每个科目每月都有一次考试。因此，既要准备考试又要完成作业，我就和同班的好朋友组成学习小组一起学习。一起学习，既可以互相请教不明白的地方，更重要的是可以分担作业。如何能够更有效率地学习？我们的学习小组，先把握该学期学习内容的整体概况，分析考试的要点，思考如何轻松有效地掌握要点，顺利通过考试。

对于学习内容的整体概况，只要根据学期初学校发给我们的教材就可以了解。

另外，我们学习小组成员里，有其他像我一样母语不是英语的人，也有不擅长计算但很擅长编程序的人。最大限度地活用，用最小的劳力完成作业，分担作业和阅读内容，以便于大家理解和掌握必要的内容。因为我们对整体进行了安排，监控了进展状况，所以我们的学习小组进展顺利。

我也曾经很苦恼，不知该如何把握全局状况，但是后来当我想起定向越野游戏和我们完成作业的方法，烦恼就消失了。

当要开始某项工作时，首先问自己，有没有明白全局状况？然后，按你所明白的全局状况进行整理，决定进行修改的要点，确认在全局状况中的定位。你会发现，事情瞬间就变顺利了。

通过分类，锻炼逻辑思维能力

在商业领域，想要把自己的想法通俗易懂地传达给他人，不可缺少的是逻辑思维能力；对要讨论的内容进行整理。逻辑思考听起来好像很难做到，但是其实就是要把握全局，"既不遗漏也不重复"地进行分类整理。"既不遗漏也不重复"是最简单的例子，就是我们对人类进行分类时，按性别分，有男性和女性；也可以按年龄分类，0~19岁，20~39岁，40~59岁，60岁以上等之类。

并不是全部都可以不遗漏，不重复地进行分类。例如，当我们考虑新产品开发时，虽然大家都说要不遗漏不重复地把必要的要素列举出来，但是这样会感到非常困难。因此，在商业的领域里，市场营销通过4P（产品、价格、流通渠道、宣传）等，预先设定框架防止产生重要的遗漏或重复。

虽然我心里明白不遗漏不重复的整体意识很重要，但是实际工作时，总是掌握不到正确进行分类整理的要领。后来，我想到体育运动中通过反复练习就能学会的过程，我觉得只要坚持每天练习就能掌握方法，所以我给自己布置任务，在上班的电车上把自己看到的事物进行分类练习。坚持就是力量，在坚持了一年多以后我才觉得自己掌握了方法。现在即便是和别人谈话，我也常常无意识地进行分类思考。

上下班的电车里有很多的思考题材，无论日常生活的事务还是商业领域的事务。例如，旁边人正在阅读的日报上，有关于A公司销售额上升的报道。可以试着把这个报道作为题材，想想为什么A公司的销售额提高了，将与销售有关的几个要素进行分类思考。

当看到结婚仪式时，我就思考举行结婚仪式的必要因素。如此这般，我把在电车里看到的事情作为题材，一天两次，像儿童时代作过的数学练习一样不断练习。

用身边比较容易想象的结婚仪式作为例子来说明吧。举行结婚仪式需要哪些必要因素？最初，我并不知道有框架式思考方式（见下一节内容），所以我就当作自己要举行结婚仪式，将自己想得到的事情都写出来。我当时写的笔记大致如下。

- 决定结婚仪式的费用。

- 列出参加婚礼仪式人员的名单。

- 定好要举行怎样的结婚仪式，再和宾馆商谈。

- 决定在哪里举行结婚仪式。

- 第一道仪式和第二道仪式的地点是否不同，也必须先定好。

- 与父母商量婚礼举办时间。

如此这般我把自己想到的事都罗列出来，把其中经考虑认为是同样的事情进行归类。

自己思考并把想到的很多事情罗列出来，需要努力地思考避免出现遗漏。这时可以使用框架（构成）式思考方式。

以上面提到的结婚仪式为例，我们对上面所列的事情进行整理分类。我们发现可以分类为"什么时候（When）、谁

（Who）、哪里（Where）、怎么样的结婚仪式（What）、为什么（Why）、如何进行（How to do）、要花费多少钱（How much）"。这是5W2H的框架。当我们注意到5W2H时，分类就变得容易了。然后，我们根据这个框架，把遗漏的项目补充进去即可。

框架式思考，除了这种5W2H以外还有其他各种类型。了解更多的框架，可以使分类变得更方便，所以要不断地储备各种框架。下面我将介绍商业领域常用的框架供读者参考。

总之，我们将可以进行分类的要素按自己想到的顺序罗列，找到分类的切入口，使用这个切入口适用的框架，把遗漏项目填充进去。反复操作，可以提高你的分类效率。

还可以读一些加强逻辑思维能力的书籍。

使用框架思考法使头脑更轻松

使用框架分类，轻松整理思路。在前面我对框架分类进行了说明，框架分类是将事物的顺序进行排列的思考方式。这与日语文章常用到的"起承转合"的写作方法一样。了解框架分类，不仅让你更方便地对事物进行思考，而且对你在商业方面的沟通更有利。

我26岁时就职于IT顾问公司，曾经要整理提交给客户的方案。那家客户希望在网上销售体育用品。我和团队成员一起讨论时，提出自己的意见："我认为这样的人群是目标群体"，"竞争对手的公司一定会这样想，所以会采取这样的行动"。但是团队里的一个成员提出："秋山小姐，你似乎总在说你的想法，请用4P的方式说吧。"

当时在场的其他人都点头说"是啊"，就我一个人不知道说什么好。4P是怎么回事？4P说的是市场营销上所必需的框架。既然在从商，那么就要好好学习了解起码要掌握的"共同语言"，才能坐在同一个讨论桌上，讨论商业事情。

我曾经想过，在商业领域有没有共同语言这种知识呢？但是，这是我第一次了解到框架分类是共同语言之一。那天以后，我开始通读各种各样类型的商业书籍，一个一个地学习并且掌握框架思考方法。

在此我将在商业领域常用到的框架思考介绍给大家。这些知识也常出现在MBA课本上，所以想了解更多更详尽内容的人，请阅读我随后介绍的书籍。另外，除了我介绍的框架外，还有各种各样的框架，所以当你觉得"这个可以用"时，请多积累这些框架。不一定马上就能运用，但是知道有这么个词语也就会有不同的结果，所以能记住某些词语也好。

✔ 分析事业进展现状的 3C+1C

我们在开展事业时，会遇到三个不同类型的人物。顾客（Customer）、竞争对手（Competitor）、本公司人(Company)这三个C。分析这三个C，就是进行事业现状分析的框架思考。

在制造行业等不同的业界还有不同的批发商等渠道类型的人物，所以，此种情况下还要加上流通渠道（Channel），成为4C。

✔ 市场营销的 4P

市场营销方面的课本中一定会提到的，将市场营销分为四个P的市场营销4P。所谓4P，说的是对作为营销目标的顾客，用怎么样的产品（Product），以什么样的价格（Price），通过怎么样的流通渠道（Place），进行怎样的宣传（Promotion）。使用这四个P，就不会遗漏有关市场营销的重要因素。

✔ 过程

过程是对企业和顾客等视为对象行动进行框架思考分析。

在这里，我给大家介绍企业活动中的商业过程和消费者购买心理过程的分析。

（1）商业过程

商业过程，是表示企业从向顾客提供商品到提供服务，经过怎么样的过程。不同的业界有所不同，一般经历以下的过程：

研究〉开发〉调整〉生产〉广告宣传〉流通〉销售〉服务〉

当我们与竞争对手比较，在哪个方面处于劣势，胜在何处时使用这个框架分析。而且，在用顾客视角思考的时候，也可以使用这个框架研究如何改变商业过程。

（2）消费者的购买心理过程（AIDMA法则）

当我们要卖出商品时，如何向顾客推销？或者，为什么商品卖不出去？我们要思考这一类事情时就要使用消费者购买心理的框架分析。这个AIDMA法则，是在广告界常用的过程方法。

注意 Attention 〉关心 Interest 〉欲望 Desire 〉记忆 Memory 〉行动 Action 〉

在这里，我希望大家注意的是，了解框架分析后，常不知不觉地过度分析，再也不动脑筋自己创造新的框架进行分析。

所以，希望大家不仅要使用框架分析，而且要动脑筋挑战开创新的框架分析类型。

适用于加深理解框架分析的书籍：

　　①《锻炼战略"头脑"》（御立尚资著　东洋经常新报社）

　　②《BCG战略概念》（水越丰著　钻石社）

　　③《企业参谋——什么是战略思考》（大前研一著　present社）

　　④《问题解决专用"思考与技术"》（齐藤嘉则著　钻石社）

深入思考"为什么"，得出"怎么办"

你有没有被朋友或同事，或者在和上司谈话时被提醒"你到底想说什么"？现在人们常对我说："你很有逻辑，说得很明白。"但是以前我整天被人说："不知道你想说什么。"

我曾经是边想边说的类型（用我丈夫的话来说是最不好的类型），所以有时常在和别人谈话时整理自己的思路，而且拘泥于一些小事，常常看不到真正的问题。

实际上，曾经当我向还处于交往阶段的现任丈夫诉苦时，他常打断我说："那么你到底为什么苦恼呢？我一点都不明白。你这样仅仅只是浪费时间，你可不可以理清思路后再跟我说？"

我都那么苦恼了，他还这样，我常因为他的话而悲伤、哭泣。后来，他向我说明，不放手就会有依赖心理，就得不到成长，所以我现在非常感谢他让我承受这种难堪，锻炼自己的耐心。

那时，视"吃亏不能白吃"为原则的我，为了增加思考问题，整理问题的能力，切实地开始努力。首先，养成在和别人说话前先想想自己该说什么的习惯，把要说的事情写在纸上然后再和别人交谈。

这不是漫不经心地想，而是询问自己几次"我为什么那样想"，探究问题的真相。然后，同时询问自己"因此应该做什么"，寻求解决问题的方法。反复地进行自问自答，就会找出问题的真相是什么，已经明白什么，而还没有明白什么等。

说说我在实际生活中处理过的一个具体例子吧。我26岁时第二次换了工作，进入新公司工作不到一年的时候，我为做不好工作而感到苦恼。当然，进入公司一年后就可以做好自己的一部分工作，但是我觉得和别人相比，自己还没有做好的工作太多了。我一旦有苦恼就会去找人商量，但是如果我说："我不太清楚自己不能做什么。工作做不好，我怎么办才好呢?"这样，上司也不知道说什么才好吧?

因此，我进行自问自答，尝试分析自己（下面将我在日记里记下的做法摘抄给大家）。

我①　我觉得工作没做好，很苦恼。

我②　为什么这样想呢?

我①　有很多原因吧，最主要的可能是没有做好发表陈述用的幻灯片。

我②　那为什么没有做好幻灯片呢?

我①　我不知道幻灯片上写什么好。

我②　为什么不知道幻灯片上写什么呢?

我①　虽然我清楚我要说些什么，但是不知道怎么样证明我要说的内容。

我②　就是说你清楚幻灯片的内容，但是不清楚对这些内容进行分析的方法吗?

我①　是啊是啊，我不清楚对这些内容进行分析的方法。

我②　为什么不清楚进行分析的方法呢?

我①　如果有人定好纵向方面的和横向方面，我可以根据收集到的纵向方面的和横向方面的信息进行分析，但是，没有人定好坐标图，我就不知道怎样画这个图了。

我② 哦，这样啊，因为分析的类型很少，所以不知道什么时候要这样分析，不能马上想到方法吧？

我① 是啊是啊，那因此只要我学习进行分析的方法就可以做到？那么，我去商量如何学习进行分析的方法吧。

我对独自一个人和笔记本进行笔谈的样子总觉得不好意思，不太想让人家看到，但是我认为通过每天自问自答至少三次"为什么"，这样可以深入了解问题，真正的问题就会浮现出来。而且，我们通过询问"那么要怎样做"可以找出解决方法。

多亏我处在要多问"为什么？为什么？为什么？"的职场，还有逻辑性很强的丈夫支持，所以很快就练就了"找出问题真相的头脑"。大家除了进行一个人的笔谈以外，也请求别人多问自己"为什么？为什么？为什么？"试试看！

养成用数字思考的习惯

在商界，数字是衡量是否盈利的标准。毫不夸张地说，能否达到某个目标决定了生意的成败，所以对数字敏感度越高，就越容易成功。即使你以前不擅长数学、对数字感到棘手，只要你在日常生活中养成用数字思考的习惯，那么对数字的敏感度也会得以提升。

养成用数字思考的习惯有两个步骤。首先，要把日常中最基本的数字铭刻在脑海里。然后，练习创造出假设的数字。只要认真地坚持这两个步骤，任何人对数字的敏感度都将提高。

第一步，先记忆日常生活中最基本的数字。以下三个数字是最基本的数字：

　　① 与本公司相关的数字；

　　② 与竞争对手公司相关的数字；

　　③ 人口、经济规模等基本数字。

　　第①和第②项不仅包括公司整体的销售额，也包括各部门的销售或利润之类的基本数据。如果你不知道，现在马上到主页上查阅每年的"四季度报表"，并且把数据记录下来。如果了解第③项的数据，那么在不清楚市场规模或竞争对手销售额等数据的情况下，我们可以根据第③项的数据进行估算，还可以估算公司下一期内部销售额，或者测算客户计划中提到的数目是否出入很大，所以预先了解这些数据就很有用。这些数字每年都在变化，所以没有必要精确记住每一位数，记住大概的数字就可以了，如日本的人口约1亿，中国人口约13亿，世界的人口约70亿等。

　　第二步是练习创建假设的数字。也就是说，当想知道某个数字时，思考如何运算出这个数字。我对此非常不擅长，但是通过持续练习，常对自己在街头或公司里看到的数字进行思考，现在就运用自如了。练习的要点是，不要寻找精确到个位数的答案，而是估算大致的数字，养成思考的习惯，暂且先掌握好方法直到有自信为止。

例如，在报纸上看到A汽车很畅销的新闻，A汽车大约一年前才出新款，假如你恰巧在街头看到这款A汽车时，不要不假思索地离开，而要对A汽车的销售量进行估算。

首先，思考估算的算式。

①A的销售=A的金额×A的台数，虽然不清楚A的金额，但我们可以假定A类型的汽车一般销售价为150万日元。

其次，思考A的台数。

②A的台数=国内的汽车数量×A的份额，然后，对国内汽车的数量进行估算。

③ 国内的汽车数量=日本的人口×汽车拥有者比率，日本人口大约一亿人。但是允许驾驶汽车的是18岁以上的人，而且常见的不是一人一辆而是一家人有几辆。所以，不用人口计算而用家庭数量来计算更合适。因此③数式可以换成④数式。

④ 国内的汽车数量=日本的家庭数×家庭的汽车拥有率

日本的家庭数大约是4700万。其中有多少人拥有汽车呢？国内有些家庭拥有好几辆车，所以，我们估算大约6~7成的家庭拥有汽车。当我们设定七成家庭拥有汽车时，国内汽车的台数为3290万辆。

然后，我们回到②式。②中要进行估算A汽车的市场份额，我们通过观察眼前看到的汽车数量，了解A汽车所占的百分比，也就大体上了解其市场份额。我们开始街头观察，眼前有很多辆车驶过，算算其中A有多少辆，比如算出大体上是0.5%。因此，A汽车的台数则是3290万辆×0.5%≈16万辆。通过这样进行各种假定计算，可能算出当初想弄清楚的A汽车销售额：

A的销售额=150×10^4日元/辆×16×10^4辆=2400亿日元。

计算至此，我们来检查计算是否正确。如果找到销售A汽车的B公司公布的资料，我们就可以检查我们的计算结果。通过检索因特网后找到B公司的年度报告，发现一年里A汽车在国内销售的台数大约为1539辆。然后，在"价格.com"上我们看到A汽车的销售价格是99万8000日元~150万日元。这个结果表明，我们估算的数字大体上是准确的。

> ①A 的销售 =A 的金额 ×A 的台数
>
> ②A 的数量 = 国内汽车数 ×A 的份额
>
> ③国内汽车数=日本的人口 ×汽车拥有者比率
>
> ④国内汽车数 = 日本的家庭数 × 家庭的汽车拥有比率
>
> ⬇
>
> A 的销售 =A 的金额 × 日本的家庭数 × 家庭的汽车拥有比率 ×A 的份额
>
> 150×10^4 日元 / 辆 $\times 4700 \times 10^4$ 辆 $\times 70\% \times 0.5\% \approx 2467.5$ 亿日元
>
> [注] 表中数字四舍五入，因此与文章中的数字稍有出入。

　　如此这般，通过把街道上或在办公室里看到的东西转换成数字以提高自己对数字的敏感度。你也通过实践来锻炼自己的商业头脑吧。

把自己当作公司的一员来撰写提案

我们常常在工作中想过，如果进行一些改善，将一些主意变成生意绝对可以畅销。我们也许会有很多诸如此类的想法，我们可以找机会将这些想法作为方案提出来。

口头提方案也可以，但是为了明确自己的思考，让别人更好理解，我提议把要提的方案的内容写在纸上。当我们把内容写到纸上时，不仅可以使自己要进行说明的内容变得清晰，而且不足之处也显露出来，因此可以形成更精炼的方案。

要写出好的方案，要点有两个。首先，要写多份方案，然后请第三者对这些方案进行修改。第三者可以指出方案中表述不清的地方，而这些地方你自己可能觉得表述清楚了；第三者也可以指出你的逻辑跳跃的地方。所以，通过第三者看方案，你的方案会更加完善。

我常常利用空隙时间练习写方案。现在也如此，也许别人会觉得是多余的。但是，我一旦有时间，我就思考我朋友公司正感棘手的问题，给他发送邮件并提出方案。

我用来练习写方案的题材多来自《日经商业》杂志。我按期购买《日经商业》阅读，常带在身上随时翻阅，寻找有关某企业因业绩难以提升而苦恼的报道。这些报道中，既有关于优衣库公司在羊毛系列成功后苦于进一步提升业绩的报道，也有关于无印良品海外公司业务开展不顺利的报道。

当我从一个地方到另一个地方之间，在行走或在等待时，只要有空隙时间，我就根据我已翻阅多遍的报道开始写方案。这时，我有两个自己定的规则。

首先，从社长（经营者）的角度写方案。任何商业都必须提高公司的销售和利益。所以，方案无论如何有趣，如果对经营没有任何帮助，说得极端点，都是没有意义的。因此，我经常从社长的视角来考虑问题。就好像社长已经雇用我担任顾问那样。

其次，因为没有哪一位社长会有空闲去看那些很长的文字，所以我的陈述力求简短。具体用数字来说，就是九份以内。之所以是九份是因为我常把一张A4纸折成九等份，把每一份看作一个表述，这样处理便于我在行走中轻松地写方案。

最后，就是要不断提出方案。数据不够进行具体分析时，可以加入示意图标示分析。这样，一份一份地写方案，就能比较细致地进行思考。我就是这样进行写方案练习的。

自己一个人坚持学习终究是有限度的。持续了几个月后，就会形成自己的方案模式，可能会一直沿用这种模式写方案。而且，仅仅使用自己知道的分析模式，就不能掌握新的分析方法。这时，成长提升停滞不前的危机感，会使你感到困惑。

因此，我认为，几个人聚集一起，互相对方案进行点评会更好。所以，我在公司里成立了学习会。请求一起共事过几次的副社长担任学习会的教师。通过这样形成团队学习，不仅可以得到别人的指教，认识到自己的不足，也制造机会让自己了解别人的好主意。

　　这种学习会采用案例分析的形式，设想某种状况，对这种状况下所采取的决策进行讨论。预先将如此这般的案例作为作业布置给大家，要求大家把自己的思考写在几张纸上，然后根据所写的材料进行讨论。学习会每周一次，一年半里基本上除了夏天和冬天的一周休假以外，其他时间都坚持学习。

　　我认为，要掌握某种本领就要不断坚持，这很重要。中途泄气不仅学不到本领，而且也给一起学习的人造成困扰。还有，对在百忙之中抽空和我们一起学习的副社长来说，是一种背叛的行为。所以，我每周星期天，最少是3~4个小时，时间允许的时候，则是7~8个小时，认认真真地思考很多问题，并完成作业。

　　我认为，通过制作大量的方案，很好地锻炼了自己的商业头脑。而且在团队里和大家一起，我领会了独自学习学不到的知识。不要让你的想法仅仅停留在你的大脑，写成方案试试看。如果有条件，邀请你周围的朋友组成学习会，大家一起抓住成长的机遇吧！

听别人说话时，领悟对方的目的和期待

我们在公司里和同事说话，还有和家里人说话，打电话和朋友说话，几乎没有哪一天不说话，因此我们可以利用自己和别人说话的机会，练习头脑的使用方法。

我在听旁人说话的时候，常把所听到的内容和要向对方传达的内容分为三部分。为什么分为三部分呢？我在第一章里也提到过，这是因为我在大学学习过心理学课程，人类一次能够记忆的是3~5个内容。

我所归纳的三个内容如下所示。

① 和我说话的人，有什么目的？

② 有关这个目的，对方对我有怎样的期待？

③ 我应该采取怎样的措施回应对方的期待？

那么，为什么这三部分内容很重要呢？在听别人说话时，我是如何思考各个部分的内容呢？我举个例子，假设我正在听上司或客户的对话，下面对我所思考的内容进行说明。

① 谈话的目的是什么？

谈话，是对对方有所期待的行为。有一种是你就听我说就好，还有一种则是期待能向对方询问。因此，不了解会话的目的，就不知道对方所期待的反应，所以，首先要考虑对方的目的。

是不是有什么纠纷需要解决？

现在所做的事（一部分或者全部），因为某种原因（客户、环境变化等）而发生变化了，或者似乎要发生变化？

是不是为某事烦恼，需要弄清楚，寻找解决方法？

是想通过沟通的方式缓和人际关系？

② 对方期待怎么样的反应？

明白了对方的目的，我们就要寻找答案，了解对方希望自己对此所作的反应和对方的期待。如果不能有的放矢，那么，不仅会让人觉得你这家伙做不成事，而且浪费了大家宝贵的时间，所以需要思考对方期待你作出的反应。

针对已经发生的纠纷，对方是否希望你花时间去解决某部分（或者全部）的问题？

对方是否希望你帮助他理清莫名的烦扰，共同思考解决方法？

对方是否希望你明白他想进行沟通，希望缓和关系？

对方希望你所作出的反应是否极其重要和非常紧急？

③ 自己可以采取怎样的措施？

了解对方期待自己作出的反应，就达到了听取别人说话目的的一半。但是能否百分之一百地采取对方所期待的反应，就要根据自己能支配的时间和所拥有的能力了。因此，能否恰如其分地传达给对方，自己对对方所期待的行动所能完成的事，是职场上不可或缺的能力。把握自己现在所处的情况，思考自己在有限的时间里和能力上可以为对方所做的事情。

● 要完成对方所期待的事情，需要怎么样的能力？这些能力，我们自己（自己及部下等）是否具备？

● 现在正在做的工作（自己以及自己的部下）的可接受量（承受力），余剩是多少？

● 增加新的工作后，按照怎样的先后顺序进行工作为好？

● 决定了先后顺序后，哪一个需要延迟期限？需要延迟多久？

就这样，我听人说话时思考了各种各样的问题。实际上，你试一下也会明白的，边听人说话边思考是相当费脑子的。我全神贯注听对方说话，思考自己有没有做好，有时谈话变得很有意思，不由得就深入地谈了下去。我现在常反省自己，是不是没用脑子思考？

我常用记事本来交谈。我预先就在记事栏上准备好三个栏目来写，如图所示。仅记关键词也好，一边听人谈话一边写，到谈话结束的时候，刚好填写完三个栏目。最初有点勉强，但坚持的过程中就掌握了诀窍。

　　每晚都坚持做拉伸运动，坚持几年后，无论怎样僵硬的人，身体都会变得柔软起来。头脑也一样。每天都在一些小事上动脑筋，那么，自己的头脑也好像在不断地做拉伸运动一样，慢慢地培养了思考能力。拥有了思考能力，解决问题的能力提高了，作为生意人的基本功力也就飞跃般地得到提升。

　　我在这章里介绍了各种使用头脑的方法，其实除此之外，希望大家多探索适合自己的头脑使用方法。通过这样的方式，锻炼生意人的基本功。

（　　）月（　　）日　　A公司和B公司的面谈
① 目的
② 期待
③ 回应
记事

第 4 章

本领 3　掌握时间管理能力

工作时间和私人时间，哪个更重要？

　　所有人都平等地拥有的东西是，一天，也就是二十四小时。如何使用这二十四小时，决定权在个人。如果善于利用时间，那么二十四小时内可以处理很多事情；相反，不善于使用时间的人二十四小时里可能什么也没有做。

　　那么，做得好和做得差的人差别是什么？我认为，那就看是否有目的地使用时间。有目的使用时间的人，即使要在时间使用上做出决断也不会感到苦恼，不会困惑。因为不为时间苦恼困惑，所以相比没有目的的人效率要高。

　　例如：工作之后与他（家人）有某个约定。但是，正要下班时，部长要求做一个既重要而且又紧急的工作，你该怎么办呢？

我的回答是，由于你的生活计划而处理不同。

我把二十四小时分为工作时间和私人时间，现在，我尽可能地将时间用在工作上。因为我的目标是成为生意人，不管走到哪里都能找到工作，所以不管是怎样微不足道的工作，我都毫不犹豫地选择工作。如果因此导致与恋人的关系破裂，那也就只能算了，我已经将时间按先后顺序进行分配了。

但是，假如我有孩子，在生活计划中家里人所占的比例就大了，我的行动模式就会有所不同。按先后顺序的话，家里人就成为先要考虑的了。所以确定时间分配的先后顺序，或者拒绝工作，或者和对方商量把工作延迟到第二天（有关时间分配先后顺序的方法，请参照93页），决定时间分配，要考虑把二十四小时进行分解。

一般来说，工作时间+私人时间=二十四小时。更详尽地分解，则是工作时间=实际劳动时间+对将来投资的时间；私人时间=自己的时间+家里人（伴侣）的时间+朋友的时间。

对应此分类的项目，决定一周内要投入多少时间。考虑到一周，是因为平日和假日生活节奏是不同的。

假如是单身，那么对于工作时间和私人时间的分配可以由自己一个人确定。如果与伴侣或家里人一起生活，那么就需要大家一起商量后决定。

我们来看一个案例。例如，有人平日上班，晚上在研究生院学习，目标是将来成为律师。在分配二十四小时时，先从绝对不能削减的两个时间开始考虑。首先，假如既上班又上学，则这两个时间绝对不能削减，因此，首先要把这两个时间分配好。

假设其工作是不用超过八小时的，那么，将实际工作时间设定为八小时，把对将来的投资定为三小时（上课及预习和复习要用三小时），剩下的十三小时是私人时间。

其次，考虑私人时间十三小时的分配方法，要先考虑私人时间里的先后顺序，再对时间进行分配。例如，住在离公司相隔一小时远的地方，必须要把去上班的时间控制在一个半小时内，所以，去上班的时间在安排顺序的时候要先考虑。假如，在时间安排顺序时要先考虑睡眠时间或和家里人一起的时间，去上班的时间就不能过长，那就要通过搬到公司附近居住等方法，减少上班途中的时间。顺便提一下，将上班途中的时间作为私人时间，是因为通过自己想办法，上班途中时间可以自由支配。

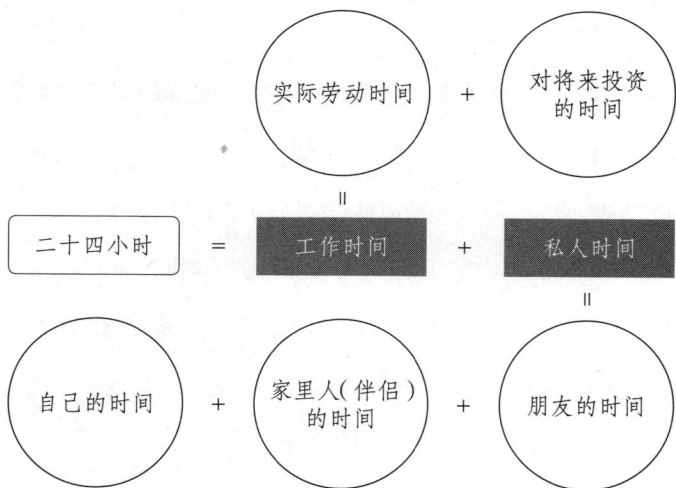

$$
\text{二十四小时} = \boxed{\text{工作时间}} + \boxed{\text{私人时间}}
$$

实际劳动时间 + 对将来投资的时间

自己的时间 + 家里人（伴侣）的时间 + 朋友的时间

生活的舞台变化了，时间的分配也就发生变化。同样是二十多岁，单身的和结了婚的，在时间分配上是不同的。三十多岁已婚有孩子和三十多岁已婚无孩子，在时间分配也有很大差异的。

最重要的是自己明确时间分配的先后顺序，而且遵守所分配的时间。分配的时间终究只不过是个大致的范围，确认分配时间后，就要分析实际所用的时间和目标值时间有多大的差距，从中可以检查差异的原因，再采取措施。常问自己"有没有按照自己的想法控制时间?"以此来锻炼自己的时间管理能力。

"十分钟管理法"可了解自己的行为模式

有多少人知道自己的行为模式呢？早晨起床后大概在多长的时间内能打起精神开始做事？一天当中最精力充沛工作的时间段是什么时候？以多久一次的频率稍作休息后工作效率会更高？你能把握自己的行为模式吗？

在把握自己行为模式的基础上进行时间管理和没有把握自己行为模式的时间管理，在时间利用的质和效率方面有相当大的不同。

我的性格是很容易就厌烦，也可能与体质有关，我很难做到集中精神超过一个小时至一个半个小时。因此，我无论做什么事，都将要做的事细分，以便在一个小时以内做完。而且，如果我集中精力工作一小时的话，就会开始觉得头昏脑涨，所以我养成习惯将所有的事情都在三十分钟左右完成，我称之为"三十分钟法则"。像开会之类，在三十分钟内完成不了的事情，我就努力通过改变话题等方式进行调整。

迄今为止，我所读过的众多的时间管理的书籍当中，大多建议"早晨类型"。但很遗憾我早晨状态极差。所以，虽然我努力尝试过作"早晨类型"，我放了一排的好几个闹钟也没把我叫醒。了解我的朋友送了大量的闹钟给我，但是九个闹钟同时响起，我还是沉睡不起。

因为早晨我的状态很差，理所当然地，早晨起床后也就不能马上抖擞精神开始做事，所以不能做要动脑筋的工作，因此我在早晨最初开始工作的时间里，先处理不太用脑也可以处理好、而且必须要做的简单的事情，以此开始工作。例如，寄送感谢信，安排会议时间，收集工作必须要用的信息资料。然后等头脑活跃起来，在心情逐渐舒展开来的上午后半段时间或下午的时间里，我安排最需要动脑筋的工作。

	/ 周一		/ 周二		/ 周三	
	计划	实际	计划	实际	计划	实际
6:00						
6:10						
6:20						
6:30						
6:40						
6:50						
7:00						
7:10						
7:20						
7:30						
7:40						
7:50						
8:00						
8:10						
8:20						
8:30						
8:40						
8:50						

这样，利用自己行动模式（及性格）进行时间管理，创建高效率的工作环境。假如不能把握自己行动的模式，建议你使

用以下介绍的"十分钟管理法"。这种方法不仅可以检查行动模式，也可以检查工作大体上要花费的时间是否正确，所以请你一定要试试看。

说起来做法非常简单。首先，做一张表格将每天二十四小时分成每十分钟一栏，一周一张。其次，将一天时间分为两栏，左侧为一天的预定计划，将预定计划全部写完后，在另一栏将实际上做了什么事用计时器计算并记入十分钟刻度上，坚持一周。一周后，可以根据这张表分析自己的行动。分析的要点有两个：第一个要点是，能否按预定计划实施，如果不能实施则思考为什么不能实施，例如，因为肚子很胀，不知怎么回事就发呆不做事了等，试着思考理由。然后，从中找出一天或者一周当中，有产出的时间和没有产出的时间。

第二个要点是，正确估计工作时间。与预定时间相比，实际工作提前完成，或者实际工作时间推迟了，探索为什么与估算有差异。是否考虑的工作比实际的工作少了，还是在某个工作上不知不觉地花费了更多时间？寻找实际时间与估算时间有差异的原因。

然后思考具体改善哪些地方，可以使工作时间的估算正确。例如，如果不清楚工作的目的，因此将工作量估算得比实际的少了，那么以后要明确工作的目的。或者收集工作信息方面花费了大量的时间，那是因为自己信息收集能力不足，还是对外信息收集时反馈晚的缘故，如此这般思考原因。假如是因为自己能力不足而导致的，那么应该想想如何提高自己的能力，或将处理这部分工作的时间估算多一点。

这样不仅提升工作的产出，而且能正确估算工作时间，必定可以遵守工作期限，提升职场的信任度。而且当别人要求你做你觉得难以完成的工作时，你也可以知道为什么难以完成，你可以完成到怎样的程度。据此进行讨论，控制上司（或者客户）的期待值，就不会出现尽管自己或者全部门的人拼命工作都要累垮了，而结果却得不到认可的情况。

如果要高效工作，就需要把握自己的行动模式，锻炼时间管理能力和估算工作能力。

通过"矩阵法"整理该做的事情

如果时间是无限的，那么我们想做的，和不能不做的，我们都可以完成。但是人的一天只有二十四小时。既然是人，那么总有一天会死去，所以一生的时间是有限的。在有限的时间里，要达成自己的目标，就有必要区分对待什么是想做的事和什么是不能做的事，因此需要安排先后顺序。

2003年3月，"e woman"网站（专设会赚钱的女人沟通主页）调查问题"你在工作中是否很好地处理了先后顺序"，被调查者中回答"是"的只占百分之五十七，有超过四成的人不能很好地处理先后顺序。

	高	
优先顺序 1 处理课题或问题、得出结果		**优先顺序 2** 通过预先准备和对将来进行投资、创造自我价值
高	紧急度	低
优先顺序 3 利用空闲时间或空隙时间、高效率处理	重要度	**优先顺序 4** 因为浪费时间、所以能不做就不做
	低	

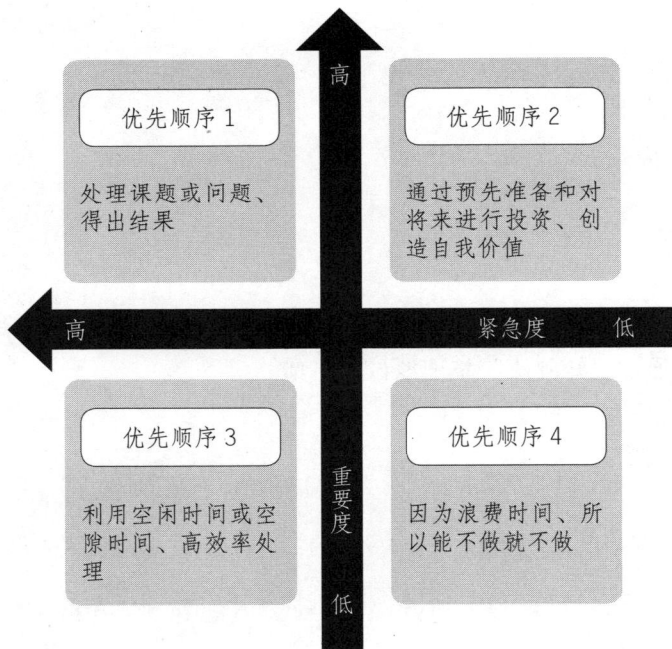

　　有关工作时间与私人时间的先后顺序，我在前面提及，在此将介绍在工作中如何进行先后排序，这种方法在《高效能人士的习惯》(史蒂芬·R.柯威著)中称为"时间管理的矩阵"，是一种很有名的方法。

优先顺序1	**优先顺序2**
·对工作进展有影响的重要信息或有所指示的邮件 ·由客户提出的重要工作 ·客户的投诉等	·自己发展所需的和引导者的面谈 ·支持自己一方发来的邮件 ·公司高层发过来有关今后发展方向的邮件 ·所购买的网上杂志等电子学习资料
优先顺序3	**优先顺序4**
·公司内外办手续所需要的邮件 ·有关日程安排的邮件	·完全不认识的人发过来的邮件 ·宣传邮件 ·曾经登录过但已经不记得的网上杂志或广告邮件

高　　　　　　　　　　紧急度　　低

高　　　　　　　　　　重要度　　低

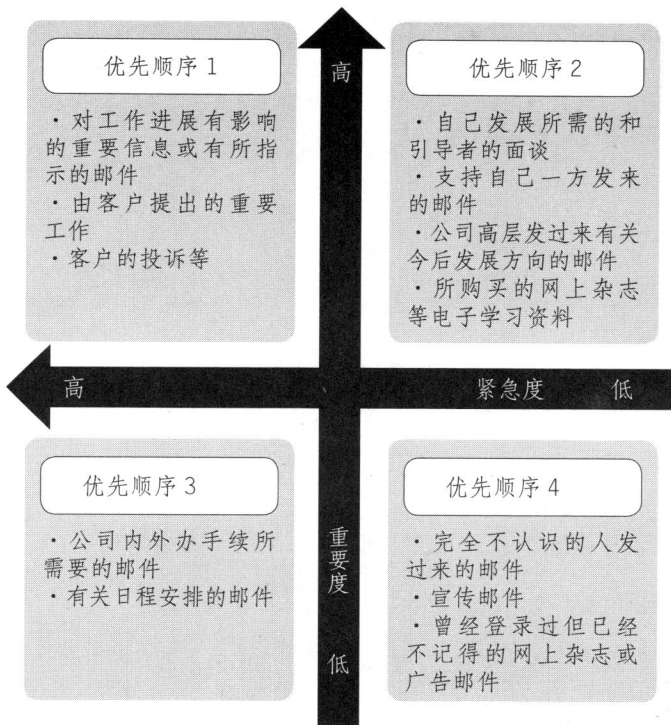

　　首先，将要做的工作全部写出来。然后，在上图"重要度×紧急度"的矩阵中，把工作分类并填写进去。在各矩阵中按重要度排列顺序。优先顺序是重要度最高的事情，排在优先顺序的第一。排在顺序中的事情还需要确认是否需要做。当发现可

以不做时，即刻将其从列表中删除。

　　每天早晨查看邮件时，我在头脑中将邮件按这个矩阵表根据重要性和紧急度分类，仅处理重要的事情。学生时代的时候，我经常按先后顺序来处理邮件，这种做法却无法处理工作上一天三四百份的邮件。

　　因此我把时间管理中学到的"时间管理矩阵法"用来安排先后顺序。

　　这样分类后，我们可以由重要而且紧急的事情开始进行处理。对于优先顺序中既不重要又不紧急的事情，我们可以不处理就将其删除。假如是非常重要的邮件，对方会再发邮件来，所以没有必要保留这些邮件。

　　这里需要注意的是，你认为重要的事情是否真的重要。我的周围很多人常弄错"紧急"和"重要"的事情。这些现在马上必须要做的事，真的重要吗？希望大家工作前先暂停一下，重新思考。不重要的事情，有时虽然紧急，但也不应该优先考虑。

合理安排时间，提高工作效率

每个人都同样拥有二十四小时，而同时进行多项工作并且做得很好的人，会创造出更多时间，所以要尽可能地同时做好多项工作。我们很幸运，在前不久流行的分析男女大脑不同的书里，提及女性的头脑与男性的头脑相比，同时处理多项工作的能力要高，任何人都想着更好地运用这个能力。

然而我不是圣德太子，我不可能同时做好多件事情！也许有人这样想。那么，我们可以借助于"小猫的手"：不但要自己做而且要请人帮忙，任何人都可以同时进行多项工作。听起来也许很难，但实际上这是日常生活中大家都在做的事情。让我们看看以下的例子吧。

星期三的晚上九点回到了家。家里到处都是要洗的衣服，明天还要到国外出差，早晨出发前要收拾好行装。因为有一段时间不在家，所以想清洗好衣物后再出门。但是，在出发前要准备出差用的资料，在飞机里必须让上司过目。

这时，既要准备出差用的资料，收拾行李，还要洗衣服，你怎么办？怎样才能最有效率而且切实地达到目标？

我的回答是：收拾行李和准备资料同时进行，衣服则送去洗衣店清洗。所有的事情不一定都要同等对待，自己一个人全部做完，在有限的时间里并不是处理事情的最上策。

那么具体要怎样做呢？我们把工作分解后进行分析。

首先，把要做的事项全部列出来。此时有准备资料、收拾行李、洗衣服三件事情。其次，决定期限。准备资料的期限是到飞机场搭乘飞机前，收拾行李是今天晚上，洗衣物是出差到回家之前。

决定了各项事务的期限，把自己不能不做的事和外送让别人做的事进行分类。其中考虑到期限，洗衣服可以送出去让别人做，但准备资料和收拾行李则不行。

至此，我们先安排送出去让别人做的事务。让别人帮忙做事需要时间，所以关键是要先安排好。

因此首先要找到外援。现在既有二十四小时洗衣服务，也有提供上门取衣服的服务，所以先查阅洗衣店的电话号码，打电话下订单即可。打电话的时候，把要洗的东西收拾好，放置门边。也许你也注意到了，一边打电话一边收拾衣物，也是同时进行多项事务的行为。

剩下来是收拾行李和准备资料。要将这两件事同时进行的有效率，首先必须将事务分类，哪些是可以同时进行的事务。具体的措施，可以参照如下。

（1）准备资料

① 明确要发表演讲的目的、参加者。

② 构建达成目标的思路。

③ 把演示文稿一张张写好，切合构建的思路。

④ 准备好文稿。

⑤ 把文稿组合好。

⑥ 重新看一遍，进行修正。

（2）收拾行李

① 将要带的东西列清单（服装、内衣、化妆品等）。

② 收拾清单上的东西。

③ 准备装必需品的包，或者行李箱。

④ 把收拾好的东西放到包或行李箱里。

其中，可以同时进行的事务是什么?

收拾行李清单的②~④和准备资料清单的①~③似乎可以同时进行。因为，收拾行李的②~④的工程是用手进行的事务，而准备资料中的①~③的工程是用头脑进行处理的事务。两件事同时思考有点难，但是如果一件是操作上的事，而另一件是要用脑子的事，则比较容易同时进行。

收拾行李的②~④在①还没做好的时候是不能进行的，所以首先要做好①。其次在做②~④时，单手拿笔记，同时进行准备资料的①~③。在完成收拾行李后，再进行准备资料的④~⑥。

因为要准备的资料的主干部分在收拾行李当中已经构思好，在收拾行李后，按主干部分填入内容就可以，所以可以省略不必要的信息收集等无用的事务。

在我们同时要进行多项事务时，一定要借助他人的力量。有人可能会想"这样的事情也让人帮忙不太好吧?"不要为此烦恼，外援可以做的事放心地让外援去做吧! 如果对方嫌麻烦，他会告诉你的。当对方拒绝帮你忙时，你可以拜托别人，或者与对方商量合作条件，看对方需要怎样的条件才答应帮你。

而且自己同时进行多项事务时，要点是将要用脑子的事务和不用脑子的事务组合在一起。因此，需要了解清楚哪些事务是可以同时进行的。

如果掌握了这种方法，那么同样的二十四小时里可以完成更多的事务，让你自己都感到惊讶。善于使用时间的，不仅是行动迅速的人，而且是善于把要做的事务进行组合的人，如果你要把握时间管理能力，请一定要在实践中多尝试。

利用空闲时间是提高商业能力

假设三点需要到客户处面谈，为了保障时间更充裕，提前十五分钟到达了客户处。那么该如何处理这十五分钟时间呢？

我想很多人也许已经注意到，在前面的"十分钟管理法"中提及过，一周内这样的空隙时间多得让人感觉很意外。特别像我这样谨小慎微的人，因为常担心赶不及约定的时间，或者担心万一有什么纠纷而没有时间进行修复，常常预留了很多空隙时间。

假如善于使用这样的空隙时间，那么在二十四小时内完成的事情会增加很多。十分钟，十五分钟那样的空隙时间，让人想不到的是可以做很多事情。我在实践中常利用空隙时间做三件事。

① 锻炼商业头脑；

② 保持和扩展网络联系；

③ 吸收信息、知识。

做这三件事中的哪一件可以根据当时的心情决定，要注意的是不要一直做同样的事情，需要平衡地锻炼各种能力。

我相信，坚持就是力量，因此在四五年间我一直坚持做这三件事，所以我掌握了作为生意人的基本技能。空隙时间很短，但反复积累则可以成为宝贵的财富。和棒球选手一样，在短时间内反复地不断击球，最终掌握了击球技术，所以建议各位也踏踏实实、持之以恒地充分利用空隙时间。

接着，我们来介绍具体的做法。

✔ 空隙时间活用法

① 锻炼商业头脑

我原是工程师，毫不夸张地说，我的商业意识曾经是零。所以，我认为我必须经常锻炼商业头脑。当然，我有固定的学习时间，通过MBA课程学习会计和财务知识，但仅此赶不上周围人的水平，所以我一直一边做事一边思考利用空隙时间锻炼自己的商业头脑。我介绍一些在工作上最有帮助的办法给大家吧。

通过"改良社会之笔记"对商业问题进行思考。你有没有在购物或就餐时想过"为什么只有这样的服务"，"为什么这样不行"。例如，你说了好几次"我很急"，但是店员只是陈述些广告宣传一样的句子，结果还是让你等了很久，你有没有很生气？或者，你好不容易和朋友一起争取到了休假时间去海外旅行，已经请代理店办好了旅行的手续，应该是万无一失的了，但到达当地后发现你的酒店并没有预约。已经给代理店交了手续费了，为什么这样基本的事情都会出错，你有没有这样想过？

我每天都将这些我觉得很难接受，并因此生气愤怒的事记在"改良社会之笔记"的笔记本上。刚开始写改良社会之笔记，正是我找不到题材练习思考生意的时候。我将每天生活中觉得郁闷的事总结在日记里，日后翻阅日记，经常会忽然顿悟。

我作为一个顾客感到不满的事，社会上其他人一定也会感到不满。如果能想到解除这种不满的服务和能赚到钱的方法，就形成了新的生意。从与生活密切相关的视角来看，过着普通生活的我也能找到新的生意机会——这样一来，就诞生了这个笔记本。我抱着这样一种想法，想着以生活者的视角改良社会，所以就命名为"改良社会之笔记"。

使用改良社会之笔记创建新生意的方法如下：首先，我不相信有这样的事！把你想到的事尽可能详细地记下来，事件发生时的心情一定要记录下来。有时笔记中语句不畅也没关系，这并不是给别人看的，只是记录自己的感受。

把这样积累下来的生意的材料作为基础，利用空隙时间进行练习思考的商品或者服务。

可能的话，最好放置一段日子，使自己的思路变得更加客观。

练习的方法非常简单。为解决问题尽可能考虑得更详细。此时，可以使用以下的5W2H方法。

Who：谁？

What：提供什么样的功能和服务？

When：什么时候？

Where：在什么地方？

Why：为什么要提供这样的功能和服务？

How：怎样做？

How Much：多少钱？

不仅考虑商品和服务的功能，也要考虑资金的流动，想出可行的商业模式。此时，要避免那样的不满要花费多少钱？谁出售我才会购买等，重要的是不要忘记要从感到不满的我、也就是从消费者的视角思考。

"很讨厌！"这样想的瞬间就是学习的机会，如此这么一想，即使觉得有点心烦也会乐得哈哈笑。因为自己的认真思考播下了商业模式的种子。

✔ **空隙时间活用法**

② 保持和扩展人脉关系

我喜欢和人见面，但是太忙的时候就怠慢了与认识的人及朋友的联系。即使是和难得一遇的谈得来的人，很多时候我和他们的交流也仅限于当时当地。自己又不是什么知名人士，我觉得别人不会主动和我联系。空隙时间正好可以用来保持和扩展人脉关系。

✔ 发一封简短邮件

　　了解认识的人或朋友的状况是非常令人开心的事情，所以日常生活中，当我想起我有一段时间没有和这个人联系了，这个人在干什么呢？我就会将想起的人记在笔记本上。还有那些见过面谈过话但后来没有联系的人，我都会随身带着他们的名片。

　　因此，如果有空隙时间，我就向各位发一封"简短邮件"。上级或接收大量邮件很忙碌的人，我就寄明信片或信给他们。所以我平常会收集很多明信片、卡片、漂亮的邮票等，把它们夹在笔记本里以便随时可以用。不过给那些初次见面的人或上级领导写什么好呢，我常感到苦恼而无法下笔。空隙时间一下子就过去了，而我常常因为苦恼一个字也没写。

　　因此我常在自己收到的邮件或信件中挑选，收集自己觉得好的邮件或信件。给上司或同事写感谢信时，就模仿收集到的表达方式，复制其中的开篇语或致谢的词语。

我们很方便就可以收集到日语方面的表述，但很难收集到面向海外的英文方面的表述。对此，我有一个建议。国外有发送贺卡的习惯，也有很多专门为我们这种对信件内容感到苦恼的人而写的书，我们要充分利用这些资源。最近我很喜欢看的是"找到对的词，使用完美的句，让你的贺卡更个性化"（Beverly J. Daniel）。我个人很欣赏这本书，边看边感慨"哦，原来有这样的说法啊"，里面也有很多译成日语也可以使用的句子，我把这本书当宝贝。

就这样我每个月都寄送四十至五十份简短邮件或书信，其中有一至三成的邮件或书信因为对方太忙而没有回信。不要在意，等过一至两个月再联络试试看。我发送自己最新的联系方式意在告诉对方，想联络我的时候，我的门是敞开着的。仅将自己的近况和联络方式发送给对方的邮件，不是简短邮件。简短邮件的目的是告诉对方，我的门是开着的啊。

✔ 空隙时间活用法

③ 汲取信息和知识

仅有信息和知识是不能作战的；但是，如果没有信息和知识，则是不可能在作战中取胜的。我认为，信息和知识是最低限度，是必需的东西。而且考虑到输出与输入的比例，我时常用心地吸收最新信息和知识。

✔ 逛逛便利店

我一般在超市买东西，除了要寄送快递以外，不常去便利店。逛便利店让人对现今的流行时尚一目了然，所以如果有超过十分钟的空隙时间我就会去便利店。也许有人常去附近的便利店，但是不同的便利店，里面的商品也不同，不同品牌的连锁店里商品也不同，所以我建议大家尽可能去多家便利店看看。

首先，进到便利店后，先环顾四周。然后扫一眼看看有些什么样的顾客，有些什么样的商品。确认其客户群，不同地域客户群也不同。因为便利店了解什么样的人到自己的商店来购买商品，所以便利店是以目标顾客为对象布置商品的。

环顾四周观察是否有与其他便利店不同的商品或者刚上架的新商品，可以拿起来详细查看商品的类型，从标签上确认产品制造商、销售商等信息。

我之所以建议看标签是有理由的。有一次我要购买健康食品时，拿了某个商品看，不经意地发现商品标签上的销售公司与别的商品不同，但制造商等其他信息是一样的。再仔细地看标签，我注意到这个健康食品含有某种正流行的特殊成分，这个制造商肯定是拥有这种成分的特许权，所以我回到住处后进行查询。结果我找到相关的报道，了解到某个外国企业拥有这个产权，并和这个制造商签订了独家销售合约。这种方式很有意思，可以明白业界构造及业界参与者。从这以后，我就养成常看标签的习惯。

逛完便利店，在走出便利店门之前为自己购买的饮料及糖果付款。看看付款处有没有新增的服务，如果有提供新的服务，就拿本介绍服务的册子回家。

虽然只有十分钟左右的时间，但可以发现很多事情，所以我很喜欢抽空到便利店里逛逛。

✔ 决定本月的主题，收集信息

我不能放任自己发呆，只做自己喜欢做的事。即使不那样，我认为，自己与一般的生意人相比，缺乏了很多知识，容易造成视野狭窄，所以，我每月都定下某个主题，让自己能够集中地学习。

本月我要做这个！决定主题后，首先收集相关的书或杂志。如果周围有对这个主题了解的人，我会向他打听要看哪一本书和杂志才好，然后在网上书店购买别人推荐给我的书。如果周围没有人对这个主题清楚，我就到亚马逊的网上书店查阅相关主题分类，购买大约十本畅销排行榜上的书。而且，如果在书店或者车站的报刊亭里看到杂志上刊登相关的主题，有空的时候我就站在店里阅读，如果没有时间我就买下来。

我利用空隙时间阅读。最初完全不懂也好，先试着读读。在读的过程中，了解主题的整体是什么样的？把明白的和不明白的地方都标示出来。对于不明白的地方，我再去查找书中介绍的参考文献或者其他书籍。况且，我还想了解更多！所以我老老实实地不断地去查阅我想了解的事情。

　　我阅读过的相关资料堆积起来可以高达两米左右。以前上司安排我们开展新领域的工作时常命令我们：读两米高的杂志和资料！这些话也许已经铭刻在我心中，当阅读过这么多的资料后，我就明白了主题的内容。

　　假如经济上无法承担每个月购买这些书籍的花费的话，我建议先阅读《日经新闻报》。因为《日经新闻报》最便宜，而且也可以充分利用附近的图书馆和旧书店。我每隔几个月就把大量的旧书拿去旧书店卖，在等待结账时就在店里逛，常看到店里有的书和我带过来的旧书是一样的。要找到自己想要的书可能有些不方便，但假如充分利用旧书店，购买书籍则可以做到相当经济实惠，所以我推荐大家充分利用旧书店。

时间管理技术

我刚开始时并不善于管理时间，即使是现在也有很多人在时间管理方面的经历比我时间长，因此我每天都在学习中。将学到的知识用于实践，对每一种知识都是真正把握，我认为我的时间管理能力已经超过平均水平。

在我刚刚毕业进入公司工作时，曾因为几次重复预定会议被担任秘书工作的人多次教训。换工作后，一方面是因为工作量大；另一方面也因为我的时间管理能力不足，所以我即使再怎么努力也做不完工作。怎么样做才能有自己的时间？怎样才能做好时间管理？我为此非常苦恼。

为此我制订计划，强化时间管理能力，阅读相关书籍，并到处去参加讨论会，将所学到的内容进行各方面的尝试，但这些办法都不太好用。花高价购买回来的某公司出版的笔记本也太重了，对于经常要出差的我来说，反而是增加了不少的负担。不到一个月，我就放弃了。花费超过了一万日元，虽然有点浪费，但是个子小而又没有什么体力的我实在无法使用那个笔记本。

我在尝试的过程中犯了错误，也为这样那样的事情苦恼过，但始终看不到任何结果。因此，我就到处去询问我身边的时间管理做得好（看起来做得好）的人。因为是自己周围的人，既了解那个人具有代表性的一天是怎么样渡过的，又是同事，大家做的工作是一样的，很容易进行换位思考。那个时候，通过工作认识了在"e woman"担任常务董事长的佐佐木香社长，我曾就时间管理方面采访过她。佐佐木香社长是《百万丽人的笔记本》（本出版社出版）的作者，也多次被采访和发表过演讲谈及时间的使用方法，是时间管理方面的达人。佐佐木香社长让我参阅了她在实际工作中使用的笔记本，并且很耐心地将具体的日程安排方法和思考方法传授给我。

佐佐木香社长很喜欢用的那个笔记本在日本买不到，而且当时我也已经找到了自己喜欢的笔记本，所以我就仅借用了她的思考方式。将所有的事情都写在一个日程安排本上，对信息进行管理。日程安排＝行动计划，把所有想做的事情写进去。佐佐木香社长给了我很多建议，非常有用。

另外，我也采访了多名非常有效率，工作做得很好的同事，他们传授给我很多有用的诀窍，从具体操作计划的开始制订到进入操作等。也许我比较笨，所以现在也仍然按他们所说的做，除了做些适合自己的调整以外。

总之，向周围的人学习借用他们的技术是最快的方法。"别人为什么那么快就可以回家"，如果有这样的想法你就立刻采访他吧，也许他有你不知道的秘密。

（注：《百万丽人笔记本》是佐佐木香社长推荐的一个笔记本，日本网站www.ewoman.jp 从2004年9月开售。）

第 5 章

本领 4　找到支持者

他人的支持是前进的动力

尽管经受过很多的打击，但我仍然二十多岁就成为了百万富翁，通过工作掌握了成为百万富翁的各种必要的基本技能和熟练运用的本领，这一切都是因为支持我的人给了我帮助。缺少了其中任何一个，都不会有今天的我。我常常得到他们的支持，这对我以后的继续成长发展也是非常必要的。

所有的支持者大体上分为两类。第一类的支持者是把现在的自己拉到更高位置，发挥引导者的作用。所谓的核心人物或典范（人生的样本）不仅是工作技能方面，而且作为专业的生意人可以指导你做好提升的准备。职场上的上司或者前辈，还有通过工作认识的职位比自己高的人都属于这种类型。

　　另外一类的支持者是相信你的可能性，在精神上给你支持的人。我将这一类的支持者称为"心灵之友"，这是从我非常喜欢的小说《红毛的安》中借来的词。家里人和朋友等属于这一类的支持者。对我来说，现在最好的心灵之友是我的丈夫。

　　在第一种类型的核心人物、典范的支持者里，最好既有男性也有女性。在组织当中，男性的支持者从活动方式开始到工作全程往往都会给予我们帮助。只是男性在面对问题时，不能进行具体说明，常常不能给对方提出有效的建议。

　　这种情况下，找女性支持者商量更好。当女性面对女性特有的烦恼或者在工作上碰壁时，有过同样经历的女性给予的建议是非常有帮助的，既有具体的解决方法，也有参考价值的启示。我在工作时间和私人时间认识了很多女性，她们从工作方式、做家务的方法到恋爱和结婚的事情等很多领域里都给了我不少具有参考价值的意见。

　　第二种类型，心灵之友的支持者，当你感到失落时，当你对挑战感到犹豫不决时，他们推动你向前迈进。假如没有这样的人，在很早以前，我就已经对很多事情绝望，落荒而逃了。我因为过于苦闷而闭门不出时，朋友到我家来玩，把我带出家门。还有不管什么时候，总对我说"你回来啦"的丈夫和家里人。无论在我难过、悲伤的时候；还是高兴、开心的时候，正因为有这些和我一起笑、一起哭的人们，我才不至于失落和悲伤，一直努力到现在。

其中也有两者兼而有之的人。对于我来说，父亲、丈夫，还有在工作中认识的领导人前辈、佐佐木香社长等，都是两者兼而有之的人。不仅在工作上给予我实用而且正确的建议和新的挑战机会，还从心底里相信我一定能成功，在失落的时候鼓励我。而且当我对新的挑战踌躇不前、苦闷不已的时候，毫不犹豫地挥起爱的鞭子的，也是他们。他们严厉且充满爱意的言语，无数次地推着我前进。

以后也许还会有困难等着我，但只要有支持我的人，我相信自己会想方设法超越。我经常在心里发誓，我也要成为他们的支持者，也要为成为别人的支持者而努力。

假如没有找到支持者怎么办

在某个演讲会场上，有人问我"如果公司里没有引导的人，也没有可以成为典范的人，该怎么办"。我认为，引导者可能成为你的核心模范，将来非常有可能成为你的支持者；所以要找到支持者，首先要找到典范。

我认为完美的典范是不存在的，因此不要把典范全部套用在一个人身上。说起来，职场上工作的女性本来就少，很难遇到自己理想中的典范，所以我曾经放弃过。当然如果典范就在身边是幸运的，但是在女性只占一成的职场环境中，要遇上自己理想中的典范非常困难。因此我想到了就地取材。

也就是，分析自己想成为的那种人身上哪一点是自己喜欢的，提取部分他们性格中的要素，把这些方面作为典范。那么典范就有很多了。其中有些人你可能在做人方面不喜欢，但你非常欣赏他们在对待工作方面的思路，那么也就将这部分作为典范，吸收别人优秀的方面，制造自己理想中的典范。

这种方法的好处是，不用去寻找完美的典范，有困难的时候可以常常和别人商量。因为我的典范很多，所以不至于他们每个人都忙碌到连十分钟左右的时间都没有。

当我决定把一个人当作典范，我一般直接去找本人谈。例如，苦于要做发表用的幻灯片，我就坦诚地请求对方帮我做指导（引导者）。这样，我就定期地带上幻灯片找到引导者商量。最初，就请教对方幻灯片的制作方法，熟悉以后，就可以和对方商量其他事情。我常常发现，他们慢慢成为了我的支持者。

这么想来，身边很多人都可以成为我们的典范，即使是最讨厌的人也有可能成为典范；所以要正视他人，寻找你想借用的出色方面；然后就可以请对方成为你的引导者。

坦诚帮助，同心协力

"公司负责人（副社长）的A先生和B先生都喜欢你，你又和现在很有作为的C经理关系好，他们这么重用你，你是稳坐泰山啊。"这是某个顾问和我一起吃饭时对我说的话，我不知道这是不是可以当作讽刺我的话来听，事实上我内心是忍不住笑了。那是因为他完全不了解我。

实际上，我知道公司里大家都认为我有点难交往，所以我直接去找A先生、B先生或C先生商量。

我是归国人员的子女，所以我回国后一直为在日本遇到的文化冲突而苦恼。当时我日语说得结结巴巴，为了矫正发音曾经到播音学校学习了一年多。也许是因为我还没有准确把握日本人独特的风格的缘故，我有着日本人的样貌但行为举止像美国人，很多上司和同事觉得我很难相处。

假如我一直被这样误解，对我自己和对公司来说都是不利的，所以我下定决心，直率地请求"做杂务也可以，我什么都做。请支持我做事吧"。就这样，公司开始指派我做事了。

一年多以后，公司不仅让我一起参与项目，还指派我去做本来顾问不用做的销售工作。这期间我得到了相应的成长，也就增加了自己的附加值。

假如我有想得到的东西，但如果仅靠我个人力量很难得到的话，我一般是直率地请求对方。

因为带着私心接近某个人，有时被别人看出来，而自己并不能操纵别人按自己的意思去做，反而常常不能按自己的想法前进。

不久前，我认识的A先生向我提出，想让我把朋友B先生介绍他。他说对B先生所从事的生意非常感兴趣，自己也有空闲时间，所以想免费帮B先生做事。我与B先生联系后，B先生答应了，说有人对自己的公司有兴趣，那肯定要见面谈一谈。

我们三个人见了面交谈，因为不了解A先生会做些什么实际的工作，所以就谈到先请A先生处理些小事，麻烦他承担一些在两到三小时内就可以完成的简单的工作。因为A先生没有在规定期限内完成工作，任务只完成一半，所以A先生和B先生就没有再联系。

后来，A先生联系了我，我也想和他谈这件事，所以就和他见了面。我们见面后，A先生开口第一句话就说："我还想着你会介绍更多人给我认识呢，却被当作杂务工了。"老实说，我都怀疑自己的耳朵。这个人假装对我朋友B先生的公司感兴趣，不尽力完成自己该做的工作，却还想要利用B先生所拥有的人脉。

B先生后来对我说，先是让A先生做些简单的工作试试看，想看他能做些什么工作，让我不要那么在意，我就此向B先生道歉说我没有看对人，让B先生把A先生没有做完的工作交给我完成。

假如A先生告诉别人，我要在这里工作认识一些人。因为想认识人，所以请让我参与工作。那么故事的结果也许就不一样了。

　　我在这些经历中体会到，直率地告诉对方："我因为这样的理由，想做这样的事，所以拜托您。"对自己也好，对你要拜托的人都好。明确自己的目的和理由，了解对方的期待值，可以当场判断自己能否回应对方的期待，也就不用浪费对方的时间。当然，如果对方要求你做事，也要尽力地做好自己可以做的事。这是很重要的。有自己想要做到的事，不要在心里抱有这样那样的图谋。要直率地提出来对别人的请求。珍惜真实的瞬间，就可以同心协力地完成任务。

珍惜支持你的伙伴

29岁我再婚的时候，认识的人对我说："你身体弱，工作又忙，结婚后家务负担增加后，你会累死的，不要结婚啦。"因为结婚，家务负担的确是增加了。丈夫没有一个人生活的经历，做家务的能力等于零。他虽然不能干，但很努力地学习做。在他还很难说得上可以帮忙做家务的状态下，我们开始了同居生活。目前丈夫正处于家务训练强化期，做得最好的也就是在家里张贴写着家务步骤的纸片，做清扫、洗衣服等。

但是身边有个经常鼓励我、支持我的人，对我来说非常重要。当我很失落地回到家，他会安慰我："没事没事"；还会对我说："总会有办法的，加油"，给我勇气的人是我的丈夫。

丈夫不仅在精神上给我鼓励，而且和我一起寻找问题的解决方法。有一天，我在会议上遭到同事的人身攻击。我垂头丧气地回到家，抓住丈夫，说明了白天发生的事情，说我觉得我和人家的沟通没有做好。

这时，他对我说："那个人出身于××的环境，是那种容易××的类型的人，所以和这样的人沟通采用那样的方式会比较好。"丈夫给了我具体的建议。而且丈夫还进行具体的解说，告诉我他在实际工作中，对待相似类型的人会进行怎样的谈话，怎样写邮件更有效果等。

本来我只想让他听我发发牢骚而已，但丈夫却和我一起思考明天采用怎样的行动会改变状况。从那以后，我就根据丈夫的建议，逐渐加强联系，用心地和那个人进行沟通，工作也进展得很顺利。与一个人住的整洁的屋子相比，两个人一起生活的感觉更像家，心里安稳，人也变得更精神。两个人一起也许会有些烦恼，但还是有伙伴更好。家务事可以请别人来做，但他们却无法给予我真正的支持。我很珍惜听我说话、给我鼓励的人。

朋友是一生的财富

我曾从朋友那里听说，有些人每次工作荣获提升后就换一批朋友。我仔细打听了一下，似乎多数是下面的状况。学生时代的朋友中，大多数结婚后就辞去工作待在家里了，所以谈不到一起了，就特意地回避，关系很自然地淡化。以前工作上的朋友，换了工作或提升后，总觉得大家的思考方式不同，就不再与以前的朋友交往了。回顾往事，就觉得很多是每一次工作提升后，朋友就换一批。我觉得，工作上的提升是缘分的终结这种想法挺悲哀的。

我也不知道自己是否比别人更加害怕孤独悲伤，或者是非常喜欢与人交往，反正我现在有很多朋友是从幼儿园、小学一路走过来的。当然并不是一年到头都见到面，只是偶尔相聚保持交流。见到他们，就觉得自己回到了儿童时代，那是非常开心的感觉。

我不知道把朋友都换一批是好还是不好，但我认为只要有朋友支持我，就算我现在所处的环境将我们分开，我也会很珍惜这些朋友。

当我写下这些内容的时候，也不知道是不是神灵在开玩笑？小学的朋友打了电话来，我听到她在电话那头说："像我这样的人，什么忙也帮不了你。"其实对我来说，她的存在对我来说就非常重要。因为她是我的"心灵之友"，当我伤心的时候，她总是用和善的语言温暖我的心。

而且生活在不同环境里的她看问题的不同视角使我获益良多。我的常识，在我生活的世界里也许是常识，但那并不是她的常识。那样，经常从不同视角思考事情的，对我而言也是不可替换的朋友。

有时也很遗憾会碰到拉后腿的朋友。尽管自己努力想维持与那些人的关系，但是从他们那里受的打击太大。那么就有必要觉醒，断绝与那类人的关系。

也许是因为这种人现在不幸，由于某种理由而嫉妒你，所以要拉你的后腿。

那么即使暂时与那些人断绝关系，但如果他们又回来的话，那么我认为把门打开就可以了。如果你就这样断绝了与他人的关系，那非常遗憾，但也许是因为没有缘分。

不过，重新做回朋友的人如果再次拉你后腿，那么这次就真的要和他分开了。失去朋友虽然很伤心，但是对于只能带来非常负面的影响的人，有必要下定决心断绝关系。

朋友与恋人不同，不是那种一旦分手，就可以结束了的关系。正因为是朋友，才会说一些难以开口的话，提醒自己注意容易忽略的重要事情，所以要珍惜朋友。

"双赢思维"扩展人脉

刚进入中学时就学习了"给予和获得"。给予为正，获得为负。我理解的意思是想要得到什么，那你就必须要付出某些东西，所以如果要求别人给予，自己必须要做点事情。

八年前我在工作中认识了创办"e woman"网站的佐佐木香女士，她教我学会了"双赢思维"。双赢思维不是胜和负的思维，而是胜与胜的思维。也就是参与的人全部都能获得正面能量的思维（详细请参阅《发挥自己的7个思维》，佐佐木香著）。

佐佐木香的周围聚集了很多出色的人。没过多久我就发现，她的人品使人们愿意聚集在她的周围。我认为，其根本在于双赢的思维方式。佐佐木香经常把很多自己的东西给予别人，而且常认为大家都可以获得正面的影响。那样，周围自然地聚集了支持她的人。他们都团聚在佐佐木香女士的周围，接受正面的影响，达到相得益彰的效果。

了解了这种思维方式后，我开始认识到，判断事物的正和负，并不是要最终成为不麻烦他人的人，带来正面或者负面或者零影响的人，而是要成为对自己周围全部的人都形成正面影响的人，自己要首先成为给予者。

但是要实施这种双赢思维很难。我从中学开始思维方式是属于"借出和借入"类型。曾经认为，在人生终结前要把我的"借入（负面）"化为零。我十一二岁的时候，曾认为给培养我成长的父母造成了负担，要把这化为正值的话，我想，会不会要用年金这种方式回报给他们才好呢？我因此曾经非常认真地对妈妈说过："年金是一个月十万元左右吗？"当我的生活过得很艰苦的时候，我曾经在电话里大哭："这种状况如果持续下去，即便妈妈你过了六十五岁，我都无法每个月给你十万日元养老了。"即使妈妈在电话里安慰我："谁也没有期待你要给我们钱，只要你幸福就好啦。"但我一直觉得这是说不过去的、不能被认可的事。

因为生活中有这样的想法，所以每当我要拜托别人做事时，我就用正和负的思维方式进行判断。例如，我会认为至此我只给了这个人这么一些东西，我不能要求这个人帮我那件事，所以要突然转换成"双赢"思维，我总是很难做到。

因此，我每年都在笔记本上写入今年的目标，就是能经常在行动中使用双赢思维，不断确认自己的目标。要成为给予者，要自己做自己可以做到的事。也许只是一点点的改变，但是我认为，可以让自己不考虑目前的利益而首先成为给予者。

在我这样做的过程中，支持我的人在不断地增多。当然也有人是因为和我有同感要为工作而努力，也来支持我，但是我想成为能给予别人很多的人，而不是从别人那里得到很多的人，这种想法影响到周围的人，也许这是周围的人支持我的理由之一。

以真正的白领丽人为目标

我开始以白领丽人为目标，是我刚开始职业规划的时候。虽然我有制作网页的技能，但除此之外并没有其他特别的本领。而且不认识有影响力的人，就是作为一个在社会上生存的普通人，有很多不足的地方。

我只有在干劲和耐性方面比别人要强一些，但是干劲和耐性是不能够给予他人的，所以在人际关系方面我的附加值就是听别人发牢骚。因为不能给予别人任何东西，我为此感到苦恼。为了了解怎样才能建立超越工作关系的人脉，我读遍了有关人脉方面的书。

一次，我出差到美国，和经常一起合作的人去吃饭。她给了我很多非常实用的建议，包括作为生意人一定要掌握的知识，如何把学到的知识活用在工作上，还有公司内部的活动方式等。

在回去的路上，我对她说："我现在不能马上回报您，不知道怎样才能表示我的感谢。"这时，她告诉我："我也是听取了很多人的建议才成长到今天的。今天我只是将从别人那里得到的爱回赠给你而已。"

她的这一番话让我体会到，当有一天我能够成为某人的引导者时，我也要这样对他说。

我从佐佐木香那里学会双赢思维方式也是在这个时期。从这个阶段以后，我看事物不再仅看短期收获，而是注意长期效益。在尽力地做好自己现在的工作的同时，希望自己在中期及长期内能给予对方某种帮助。在我的心里，已经把培养下一代作为一个生意人义不容辞的使命，只要自己能够做得到，就尽可能地积极帮忙。

人与人的关系，尤其是人与人之间的信赖关系，并不是一朝一夕就能建立起来的，所以我不是为了今天或明天这种眼前要得到的帮助而尽力，而是为了建立长期的、可以相互支持的关系。

我觉得不可思议的是，当思维方式改变后，聚集在自己周围的人也变了。以前，尽管我自己拼命努力地构建人脉，但是大多数的交往是没有结果的，不知什么时候就自然而然地消失了。现在，我转变了思维方式，用双赢的思维工作。曾经有一位只有过一封邮件交往的某竞争企业的人士，在某一绝佳时机给予我建议，并且不断地介绍很多人给我认识。而且，后来因为那位先生，我有了很多很好的机遇。

就在我写这本书的时候，有一位经营援助职业女性网站的工作出色的女性，为了让本书更完善，在百忙中抽空审阅了我的原稿，给我提出了各种建议。还有，我以前公司的同事，现在居住在美国的朋友，特意地把时间调整到与日本时间同步，在美国时间的凌晨打电话给我，一边帮我审阅原稿，一边帮我回忆当时的情况。

有一位我接受过他的采访、只见过一次面的人士突然给我发邮件："秋山小姐，有位很出色的人，你一定要见一见。"他介绍我认识了某上市企业的副社长。之后，我和那位社长吃了午饭，发现志同道合。就这样，我认识了很多人，虽然不能频繁地见面，但我们经常互通邮件、定期见面、相互交流信息。

也许，现在并不一定马上能做成什么，但是对要建立长期交往关系、面向未来的人来说，门永远是打开着的。长期关系不仅是建立在相互的依赖感之上，也需要有对自己的信赖。我希望诸位读者，在尽力做好自己的事情的同时，也建立长期的相互获取正面能量的关系。

在工作上或凭私人关系我认识了很多白领丽人。她们无论工作多忙也抽出时间积极地与人沟通，而且从自身开始给予别人帮助，然后才从他人那里得到帮助。这就是她们成为会赚钱的女人的秘密所在。

好了，给昨天认识、感觉很不错的人发封简短邮件吧。也许，这封邮件会瞬间将你的人脉打开，然后你要先成为给予他人帮助的人。成为某人的支持者，你因此也会增加你的支持者。通过增加你的支持者，让自己成长和发展。

制定目标，设计人生，实现目标

我在这本书里，打算尽可能简明地介绍在制定目标、设计人生、实现目标方面所需的技巧。通过工作而学到的本领，也可以用于设计人生，您知道吗？

在我二十六岁生日时，我收到一封庆贺我生日的邮件。它是我学生时代开始就来往密切的前辈寄来的。在那封邮件里，引用了一句话：

活着不是保持呼吸，而是行动。

——卢梭

大学毕业后，五年的岁月流逝，前辈几乎完全不了解我当时的状况，前辈给我寄来的邮件，就因为上面写的那句话，让我感觉到某种命中的缘分。那天以后，我把这句格言写在我的笔记本上，反复地看，把它铭刻在心里。

即使很小的目标也没关系。有目标并为实现目标而拼命努力奔走的人，是光芒四射的。我清楚地领悟到，那就是活着。在这五年里，我凭着自己的努力度过每一天，勤勤恳恳地进行各种尝试，不断地积累才领悟了这句话。而且，在这样拼命努力生活的过程中，不知不觉地，我的幸福增加到了九十分，从而告别了幸福感曾经只有十分左右的自己。

希望读到这本书的读者们，将来能开拓自己的人生。梦想越大、越令人开心越好。会不会有点勉强？即使目标有点勉强也没关系。总之，我们要制定某个目标，并设计人生以达到这个目标。为了实现这一目标，希望你不要烦恼，尽管行动，相信自己拥有无限可能性，虽然现在可能还处于沉睡状态……

在这本书出版之际，很多的人给予我支持和帮助。借此，我对大家表示衷心的感谢。佐佐木香女士不仅制造契机出版这本书，而且作为前辈生意人给予了我很多的建议和鼓励。柏惠子女士在百忙中抽空帮我检查原稿，而且给予了尖锐的批评和

鼓励。还有"发现者"编辑部的桥诘悠子女士，另外一直守护

着我的丈夫和双亲及姐妹们，我从心底感谢你们！

非常感谢阅读本书的读者，你们可以发送自己的感想到

book@office-akiyama.jp。期待着你们的来信。

秋山由佳里

编辑的话

e woman总裁　佐佐木香

我第一次见到秋山由佳里小姐的时候，她二十三岁。秋山小姐曾在我的公司工作过，我从她的身上学习到很多东西，秋山小姐非常有能力，她的工作做得很具体而且很到位。

一般人在自己心情好的时候会以笑脸迎人，环境良好时会取得良好的成绩，但如果面对负面不良的环境或者压力，就会抱怨周围环境，总想找借口托辞，打断别人的交谈，做不出成果来了。但是，她不同。在我遇见她以来的这几年，无论出现怎样的状况，她都没有放弃过她的标准，总是安之若素地工作并取得稳健的成长，是非常值得信赖的人。

所以，当她的第一本书出版时，我感到非常高兴。很多人可以从她的经历中学习，希望大家都能像她一样获得丰硕的成果。

在e woman，秋山小姐担任问卷调查主持和e woman大学讲师等工作。e woman问卷每周由著名人士或者专家主持栏目提出问题，登录网站的人则针对所提的问题提交个人经历和意见，在星期五形成问卷调查报告，将每天收到的意见和建议汇总，任何人都可以参加。以往的1400个主题也已经数据化，大家可以免费检索。

e woman大学是e woman主办的综合讲座。讲座以谋求更好的生存为目的，内容包括商业、沟通、健康管理，时间管理等。并开设了使用《白领丽人的笔记本》（本社发行）的讲座，进行"用一本笔记本进行时间管理"的教学。

e woman面向希望像秋山小姐一样成功的女性，并为她们提供多元化的帮助。希望越来越多的人加入 e woman，我等着你们。